恐竜

化石記録が示す事実と謎

David Norman 著
冨田 幸光 監訳, 大橋 智之 訳

SCIENCE PALETTE

JN273065

丸善出版

Dinosaurs

A Very Short Introduction

by

David Norman

Copyright © David Norman 2005

All rights reserved. No part of this book may be reproduced or transmitted in any form or by any means, electronic or mechanical, including photocopying, recording or by any information storage retrieval system, without the prior written permission of the copyright owner.

"Dinosaurs: A Very Short Introduction" was originally published in English in 2005. This translation is published by arrangement with Oxford University Press.
Japanese Copyright © 2014 by Maruzen Publishing Co., Ltd.
本書はOxford University Pressの正式翻訳許可を得たものである.

Printed in Japan

監訳者まえがき

このたび丸善出版から、英国オックスフォード大学出版会のVery Short Introductionsシリーズの科学系タイトルの翻訳を、新書判のシリーズとして順次出版することになり、その一冊として本書が選ばれ、私が監訳することになった。比較的小さい本であり、また著者は著名な研究者で、私はセジウィック博物館でお会いしたこともあり、軽い気持ちで引き受けたが、その考えが「間違い」であったことをあとで知ることになった。

同じようなタイトルの本が日本で出版される場合、恐竜の発見史か研究史からはじまるのがふつうである。本書のような小さい本ならば、なおさらその傾向が強い。しかし、本書は地層のでき方、地層記録の不完全さ、それゆえにそこに含まれる化石の記録がいかに不完全か、というところからはじまる。欧米の化石の書物には必ずといっていいほど書いてあることではあるが、本書も決してこの点をおろそかにしていないのはさすがである。また、著者のいちばんの専門であるイグアノドンという恐竜を縦糸とするならば、恐竜化石の発見史と研究史から、

1970年代以降の恐竜研究の復活、動物学的な多様な視点からの恐竜の復元、系統と古生物地理、中国の羽毛恐竜と鳥類の起源、CTなどの先進技術を使った最新の研究まで、その多様な事柄はすべて緯糸である。縦糸であるイグアノドンと絡ませて、多様な緯糸を説明する本書の内容はみごとというほかはない。まさに、これ一冊で恐竜のすべてを概観することができるすばらしい本である。

このようなすばらしい内容だが、それを述べるノーマン教授の洗練されたイギリス英語に、翻訳の大橋も監訳の私も、英語力の無さだけでなく日本語力のなさをも思い知らされたのが、文頭に書いた「間違い」なのである。つたない翻訳原稿をわかりやすい日本語に直して下さったのは、丸善出版の皆さんである。原稿の段階で相当に推敲をしたものの、まだ日本語として読みづらいと感じていたが、初校の段階で驚くほど読みやすくなって戻ってきた。丸善出版の皆さんに改めて感謝申し上げる。

また、丸善出版企画・編集部の熊谷現さんには、本書出版の可能性の相談から再校での訳語の細かな気遣いまで、大変な労をとっていただいた。ここに記して深謝する次第である。

2014年5月

冨田　幸光

目次

序章

恐竜：その事実とフィクション

「恐竜」は1842年、英国の解剖学者、リチャード・オーウェン（図1）の優れた直感力の結果として、公式に「誕生」した。彼は、絶滅した英国の化石爬虫類の本当の姿を解明すべく、全力を注いできた。

当時、オーウェンはブリテン諸島の数か所から発見されていた歯や骨の化石の、非常に貧弱なコレクションを研究していた。恐竜の誕生当初は先行きが思いやられたが（その初出は英国科学振興協会の11回大会報告の補足部分にすぎなかった）、すぐに世界中の注目の的になった。その理由は単純である。オーウェンがロンドンの王立外科医師会の博物館で研究していた当時、大英帝国は勢力を最大に広げていた。その威光と成功を祝って、1851年の万国博覧会が企画され、このイベントのためにジョセフ・パクストンが設計した「クリスタルパレス（水

図1　リチャード・オーウェン（1804～1892）.

晶宮)」——鉄骨とガラスからできた巨大な仮設展示ホールが、ロンドン中心地のハイドパークに建設された。

1851年の終わり、このすばらしい展示ホールは壊されずに、ロンドン郊外のシデナムにつくられた常設展示場に移築された(後のクリスタルパレス公園である)。展示ホールの周囲に緑地帯が造園され、テーマ性のあるアレンジがなされた。テーマの一つは自然史と地質学の科学的な取り組みを表現したもので、これらの学問が地球史を明らかにするのにどのように貢献してきたのかを示すものだった。この公園は、おそらく地質学のテーマパークとしては世界初のものであり、過去の世界に生息した動物の復元のほか、洞窟や石灰岩による舗装道路があり、地層などの地質学的な景観がリアルに再現されていた。オーウェンは、彫刻家で起業家のベンジャミン・ウォーターハウス・ホーキンスとともに、鉄骨とコンクリート製の巨大な恐竜(図2)と、当時知られていた先史時代の生物をこの公園内に住まわせた。この移転先の「壮大な展示」が1854年6月にふたたび公開される前のこと、1853年の大みそかに、制作中であった恐竜イグアノドン(*Iguanodon*)の模型のお腹の中で祝賀晩餐会が開催され、オーウェンの恐竜に対する世間の認知度を確かなものにした。

恐竜は、想像もつかないほど大昔の世界に生きた、絶滅した住人であり、世間一般の伝説や神話に現れる竜の化身のようにも見える。彼らは、オーウェンの友人の小説家、チャールズ・

図2　（上）クリスタルパレスのイグアノドン模型のスケッチ．（下）クリスタルパレス公園のメガロサウルス模型の写真．

ディケンズの小説にさえ登場している。このような刺激的なはじまりから、世間の恐竜への興味は育まれ、現在に至るまでずっと維持されてきた。なぜこのように魅力的であり続けたのかについては多くの推測があるが、それは恐竜に、人間の想像力と創造力を刺激するような物語があるからかもしれない。多くの親が、子供が知的・教養的に成長する人格形成期（3〜10歳）は、恐竜に最も熱中する時期でもあると証言するが、それは偶然の一致とは思えない。子供たちが恐竜の骨格をはじめて見たときに、興奮のざわめきが起こることはほぼ間違いない。偉大な自然科学の語り部である故スティーブン・J・グールドが述べたように、恐竜は「大きく、恐ろしく、そして（幸いなことに）すでに死んでいる」ために人気なのである。そして恐竜の不気味な骨格が、子供たちの想像力豊かな目を惹きつけることもまた真実である。

恐竜の潜在的な魅力と、人間の心理の間に関係があるという証拠は、神話や民俗学の中にも見られる。エイドリアン・マイヤーは、紀元前7世紀という早い時期にすでに、ギリシャ人が中央アジアで遊牧文化と接触していたことを明らかにした。当時の文書には、神話の中の生物、グリフィン（グリフォンともいう）の記述がある。グリフィンは伝説では、黄金をため込み用心深く守っている生物であり、オオカミくらいの大きさで、クチバシを持ち、足先には鋭い爪がある四本足の動物である。さらに、少なくとも紀元前3000年の近東の芸術品に、古代ギリシャのミケーネ人が描いたものとよく似た、グリフィンのような生物が描かれている。

グリフィンの神話は、天山山脈とアルタイ山脈の古代のキャラバンルートや黄金探査に関連して、モンゴルや中国北西部で誕生したようなのだ。今日、この地域は化石を豊富に産出し、非常に保存状態のよい恐竜の骨格が多いことで知られている。これらの化石は白色で、化石が埋まっている柔らかく赤い砂岩に対してとても目立つので、容易に発見することができる。さらに興味深いことは、これらの砂岩から最も多く見つかった化石がプロトケラトプス(*Protoceratops*)だった点である。プロトケラトプスはオオカミ程度の大きさで、フック状に発達したクチバシと、鋭い爪を持つ四本足の恐竜である。プロトケラトプスの頭骨には、顕著に上向きに反った骨性のフリルがあり、これはグリフィンの想像図にしばしば描かれる翼のようなものの由来かもしれない(図3)。また、グリフィンは千年以上にわたって描かれ続けたが、3世紀を過ぎると、その特徴を何かにたとえて定義されることが増えた。モンゴルを通る遊牧民たちが恐竜の骨格を実際に観察したことが、グリフィンの定義の由来になった可能性もある。これは、現実の世界の恐竜と、神話の動物の間の不思議なつながりを示す一例である。

客観的に見ても、恐竜は科学の世界を超えて、広く一般に普及している。しかし、どんなに不合理な創造論者が主張していたとしても、われわれ人類は、生きている非鳥類型恐竜を見たことはない。われわれの種とはっきりわかるような、最も初期の人類が生きていたのは約50万年前のことである。それに対して、最後の恐竜がこの惑星を歩いていたのは約6500万年前

図3　神話の動物，グリフィン（下）は，プロトケラトプスの骨学的特徴とよく似ている．プロトケラトプスの化石（上）は，モンゴルを通るシルクロードの旅行者たちによって発見されていたのだろう．

のことで、地球に落下した巨大な小惑星により、そのほかの多くの生物と一緒に絶滅した（8章）。恐竜は驚くほど多様な動物のグループとして、突然姿を消すまでの1億6000万年近くもの間、地球上に存在していた。このことは、人類の存在期間や、（資源利用、公害、地球温暖化などのために）不安定となったこの惑星を、現在われわれが支配しているという事実を、いま一度考えさせてくれるだろう。

恐竜が存在していたまさにその事実と、彼らが生きていたのはいまとはまったく異なる世界だったという事実は、今日の科学による優れた研究の成果である。好奇心を持つ能力、自然界とその産物を立証すること、そして「なぜ？」という単純な疑問をつねに持つことは、人間であることの本質の一つである。このような問いかけの答えを確定するために、厳格な手法を生み出してきたことがすべての科学の核心である。

恐竜は、多くの人々にとって紛れもなく興味深い対象である。そんな、まさに存在そのものが好奇心を刺激する恐竜というテーマは、多くの人々に、科学的な発見の興奮や科学の応用・使い方をより広く伝える手段として最適である。ちょうど、鳥の歌声への興味が、一方では音の伝達や、エコロケーション、さらにはレーダーなどに関する物理学の興味を惹くことや、他方で言語学や心理学の興味にも通じるように、恐竜に興味を持つことは、科学のさまざまな分野への、意外で思いのほか幅広い関心に通じていく。このような科学的な考え方を概説することが、本書の目的の一つである。

古生物学は、1万年以上も前——人類の文化が世界に現れる前にいなくなってしまった生命体の痕跡である化石に基づいた科学である。古生物学では、化石となった生物の生きていた当時を復元しようと試みる。復元とは言っても、『ジュラシック・パーク』のように、絶滅した生物を文字どおり復活させることではない。科学的手法によって、できるだけ正確に、当時の環境でその生物がどのように生活していたかを調べる学問である。ある動物の化石は、シャーロック・ホームズの物語よろしく、古生物学者に難問を投げかける。

- その動物は生きていたとき、どんな種類の仲間だったのか?
- いつ死んだのか?
- 老衰で死んだのか、殺されたのか?
- 死んだ直後にその場に埋まったのか、どこかから流れてきて埋まったのか?
- オスなのか、メスなのか?
- 生きていたときはどんな姿だったか?
- 色は鮮やかだったか、くすんでいたのか?
- 速く動いたのか、ゆっくり移動したのか?

・何を食べていたのか？
・どのくらい見る（嗅ぐ、聴く）ことができたのか？
・どのような現生生物と近縁なのか？

これらの疑問はほんの一部にすぎない。これらはすべてその生物と、それが生きていた世界を復元するために問いかけられる。私の経験から言えば、とてもリアルな恐竜のCGが登場する『ウォーキング・ウィズ・ダイナソー』の最初のテレビシリーズは、多くの人々に「恐竜たちがあんなふうに動いたり、あんな姿だったり、あんなふうに活動したりしたことを、どうやって知ったのだろう？」という大いなる好奇心をもたらしたことだろう。

本書の基盤となっているのは、単純な観察や基本的な常識から生じる疑問である。どのような化石であっても、発見されること自体がめずらしく、同時に、この世界で継承されてきた生命進化史という壮大な「遺産」についての探究心を、私たちに与えてくれる。とくに本書で述べていく種類の「遺産」は、この惑星のすべての生命と共有されている「自然遺産」と深く関連しているので、より探究心をかきたててくれるはずだ。この自然遺産は、現在の推定では38億年以上にわたるものである。この圧倒的に長い期間のうち、ほんのわずかな間——約2億2500万～6500万年前までの、恐竜が地球上を支配していた期間について詳しく述べていこう。

第1章 恐竜の概説

恐竜（その子孫である鳥類を除く：6章参照）の化石は、中生代の地層から見つかる。中生代と一言で言ってもその地層は2億4500万年前から6500万年前の幅がある。恐竜が生きていた期間は非常に長いので、通常は地質年代区分を使って表している（図4）。

19世紀から20世紀にかけて、地学（古生物学）の調査のおもなテーマは、地球の年代と地表を構成する異なる岩石の相対年代を調べることだった。19世紀初頭には、岩石とその中に含まれる化石は本質的に別なものであることが（論争はあるものの）認識されはじめていた。火成岩または基盤岩とよばれる、化石をまったく含まない岩石がある。生命活動のない基盤的な岩石の上に四つのタイプの岩石があり、これは地球の四つの時代を示していると考えられていた。19世紀の終わり頃まで、これらは第一紀、第二紀、第三紀、第四紀とよばれていた。文字

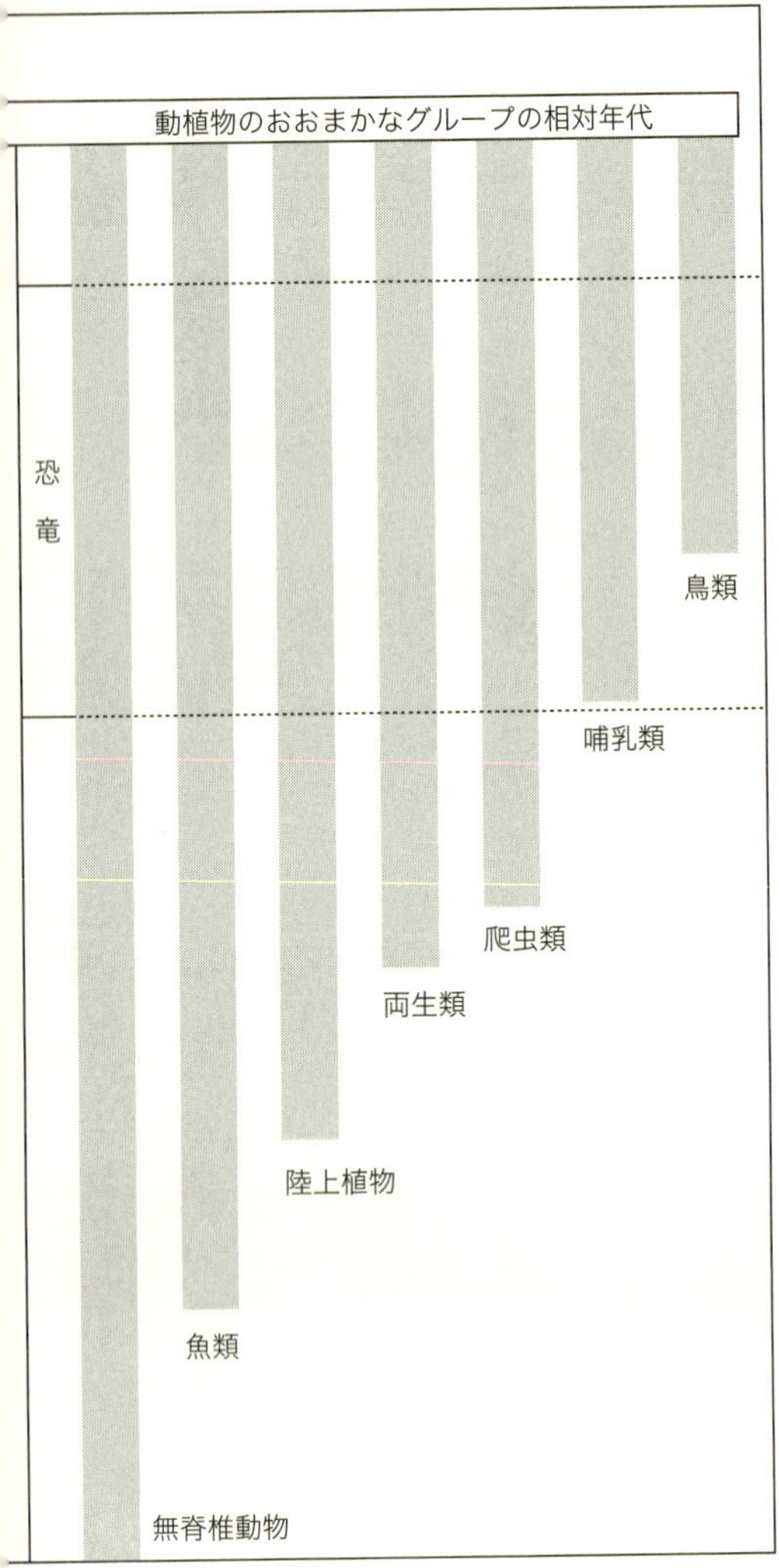
動植物のおおまかなグループの相対年代
恐竜
鳥類
哺乳類
爬虫類
両生類
陸上植物
魚類
無脊椎動物

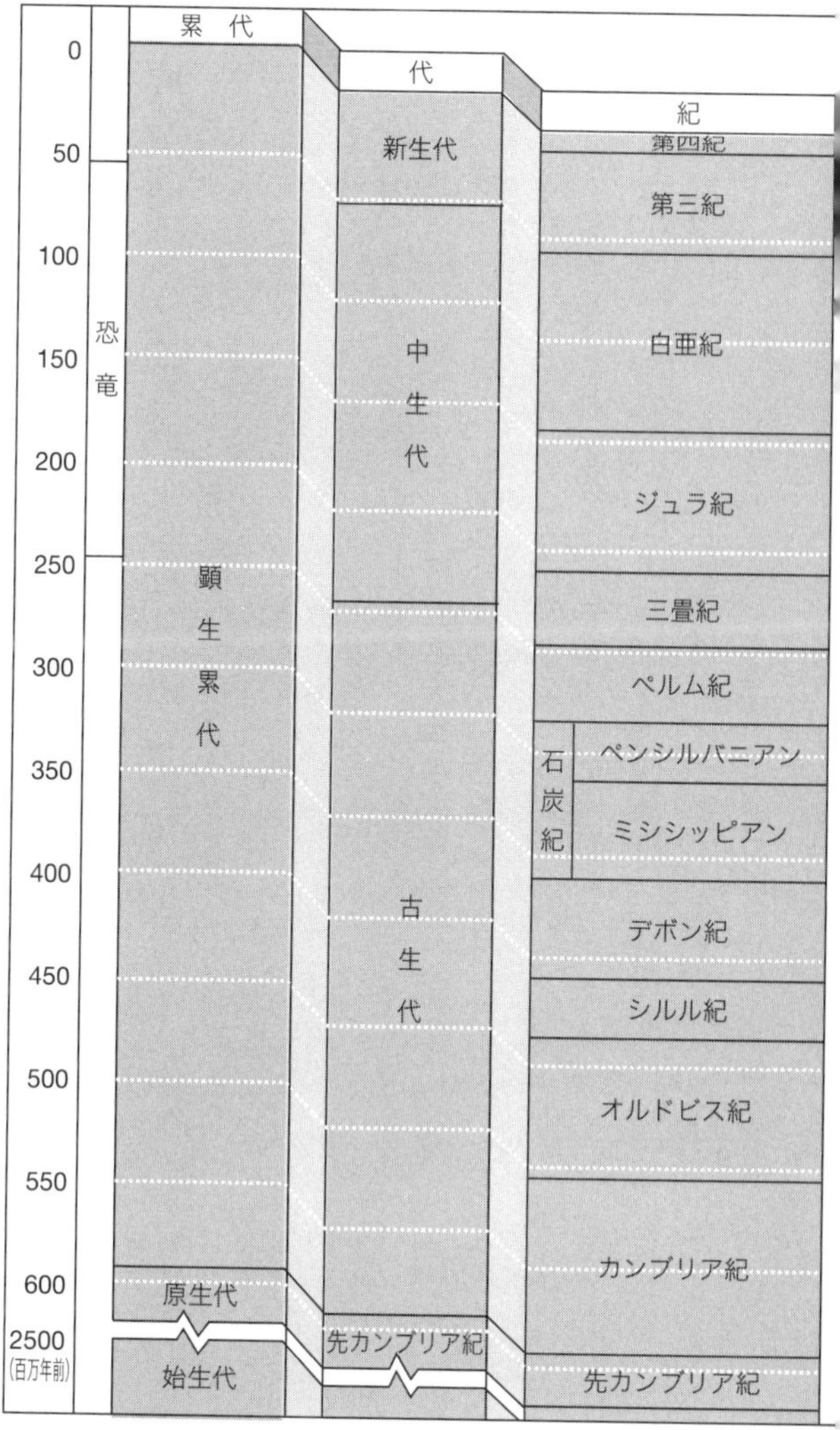

図4　地質年代区分．恐竜が生きていた間の紀を記した．

どおり、最初の時代、2番目の時代、3番目の時代、4番目の時代という意味である。古代の殻を持った生物や単純な魚のような生物の痕跡を含むものが「第一紀」で、現在では一般的に「古生代」（その名のとおり「古代の生命」の時代を意味する）とよばれる時代である。古生代の岩石より上にあり、貝類や魚類、陸上性のトカゲ類（もしくは「這う生物」――現在の両生類と爬虫類を含む動物群）を含むものが「第二紀」で、今日では、「中間の生命」の時代の「中生代」とよばれる。中生代の上の今日の生物たちとよく似た生物、とくに哺乳類や鳥類が含まれるところが「第三紀」で、「最近の生命」の時代の「新生代」をさす。そして「第四紀」はいわゆる「現在」で、現代の動植物と認定されるものたちの出現や大氷河時代の影響によって識別される時代である。

この全体的なパターンは、長年の検証という試練に驚くほどよく耐えてきた。この大ざっぱながら基本的な区分は、現代の地質年代区分でも「古生代」「中生代」「新生代」「現在」として用いられ続けている。しかしながら、たとえば高解像度の顕微鏡や、生命活動が残す化学的な痕跡、放射性同位体を用いた正確な岩石の年代測定など、研究手法が高精度化したことによって、現在ではより正確な地球史の年代区分が導かれてきている。

この本に最も関係のある時間区分は中生代である。中生代は、三畳紀（2億4500万～2億年前）、ジュラ紀（2億～1億4400万年前）、白亜紀（1億4400万～6500万年前）の三つの紀からなる。これらの紀は時間的に同じ長さではないことに気をつけなければならない。地質学者は地球の時間をメトロノームの時計のように識別できるわけではない。これらの紀の境界は、過去2世紀にわたって地質学者によって調べられてきた。地質学者は特定の岩石の種類や、とくに構成する化石によって境界を定義し、これらは通常、その名前に反映されている。「三畳紀」はドイツに分布する特徴的な三つの岩石（それぞれ、ブンター、ムッシェルカルク、コイパーとよばれている）の種類から名づけられた。また、「ジュラ紀」はフランスのジュラ山脈に見られる岩石層から名づけられており、「白亜紀（Cretaceous）」はドーバー海峡の白い崖を形成し、ユーラシアと北米にも広く分布するチョーク層（ギリシャ語でクレタ）に由来している。

　最も初期の恐竜は、およそ2億2500万年前、三畳紀後期（カーニアン期）頃のアルゼンチンとマダガスカルの岩石から発見されている。もっと正確に言えば、これら最初期の恐竜はその後に生まれるすべての恐竜の共通の祖先という意味での1種類目というわけではない。最初期の恐竜には、いままでに少なくとも4種、もしかすると5種いたということが確認されている。3種類の肉食恐竜――エオラプトル（*Eoraptor*）[1]、ヘレラサウルス（*Herrerasaurus*：図5）、スタウリコサウルス（*Staurikosaurus*）と、植物食恐竜ピサノサウルス（*Pisanosaurus*）、そして、まだ名前のない雑食性の恐竜の5種である。これらのことから、この5種は本当の

図5　肉食恐竜ヘレラサウルス.

「最初の恐竜」ではないという結論が得られる。カーニアン期には初期の恐竜がすでに多様化していたのだ。このことから、恐竜は三畳紀中期（ラディニアン期～アニシアン期）にはすでに現れており、それはカーニアン期の恐竜たちの「祖先」にあたるはずである。われわれが恐竜の起源について知っている事実は、このように時間も場所もまだ不完全である。

なぜ恐竜の化石は少ないのか

まず読者には、化石記録は不完全で、しかも困ったことにつぎはぎ状でもあるということを理解してほしい。この不完全性は化石化の過程で生じる。恐竜はすべて陸上性の動物で、これがある問題を引き起こす。これを確認するために、まずカキのように、殻を持った海洋生物の場合を考えてみよう。今日のカキが生息している浅い海では、彼らが化石になる可能性は非常に高い。彼らは海底や、その上の岩石などに付着して生きており、小さな粒子（堆積物）の「霧雨」を受け続ける。この中には、浮遊性の有機物やシルト、泥、砂粒などが含まれる。もしカキが死ぬと、軟組織は腐敗するか、ほかの生物によって速やかに分解されるが、その固い殻は細かい堆積物の下に徐々に埋没していくだろう。一度埋没してしまえば、堆積物の厚い層が増えていく中で、殻は化石になる可能性がある。何千年・何百万年が過ぎるうちに、貝殻が埋まった堆積層は徐々に圧密を受けて泥質砂岩となる。そして、浸透水によって、岩石の間を通って運ばれた炭酸カルシウムかシリカによって、セメント化、あるいは岩石化（文字どおり石になる）が起こると、化石となるのだ。その後、化石として発見されるためには、深く埋没している岩石が地殻変動によって上昇し、乾燥した陸地となり、風化や浸食を受けることも必要になる。

これに対して陸上動物は、化石になる可能性がずっと低い。どんな動物であっても陸上で死ぬと、当然ながら軟組織は分解され再利用されていく。このような動物たちが化石として残るには、何らかの埋没過程が必要になるだろう。まれなケースとして、砂丘の崩壊や乱泥流、火山灰といった災害の発生に巻き込まれて、陸上動物が急激に埋没することもある。しかし多くの場合、陸上動物が化石となるには、河川などに流されたすえに、行きついた先の湖底や海底でゆっくりと埋没する必要がある。単純に言えば、陸上動物が化石となる過程ははるかに長く、かつ大きな偶然を伴う。陸上で死んだ多くの動物たちは食いあさられ、残りの死体も散らばり、その結果、硬組織でさえ生態系の中で再利用されてしまうだろう。あるいは、骨格がバラバラになるので、折れた部分骨だけがその動物のわずかな面影を残して埋没するかもしれない。したがって、大部分の骨格や完全な骨格が化石として残ることはとてもまれである。

それゆえ、テレビや本などから受ける印象とは異なり、理論的にはほかの陸上動物と同様に、恐竜が化石になることはほとんどないのである。

恐竜の発見や化石記録上での出現もまた、さらなるありふれた理由で、つぎはぎの状況である。化石の保存は、上述したように計画的に設計できるようなものではなく、偶然の産物である。露頭の岩石も、本のページのように順序どおりには並んでおらず、気の向くままに採集できるようにはなっていない。その点では、化石の発見の偶然性と似ているかもしれない。

地球表面の比較的不安定な表面の層（地学用語で地殻という）は、大きな地質学な力によって、数千万〜数億年にわたって引き裂かれたり、押しつけられたりしながら、大陸を離合集散させている。その結果、化石が含まれている地層は地質時代を通じて、つねに浸食過程によって削られたり、ときには完全に破壊されたりしている。さらに、その後の再堆積のような過程によって、惑わされることもある。その結果として古生物学者に残されるものは、あきれるほどさまざまな要因で、穴だらけになり、凹んで、壊された、戦場さながらのきわめて複雑な地層である。この「混乱」の解決が、野外地質学者が長年にわたり取り組んできた仕事である。

研究者は、こちら側の露頭と、あちら側の崖の露頭を調査し、大地の地質構造のジグソーパズルをゆっくりと組み立ててきたのである。その結果、現在では世界中のどの場所でも、三畳紀・ジュラ紀・白亜紀という中生代の岩石が識別できるようになった。しかし、これだけでは恐竜を発見するのに十分ではない。さらに、白亜紀の厚いチョーク層や、ジュラ紀の豊富な石灰岩層のような、海底で堆積した中生代の岩石を除くことも必要である。恐竜の化石を発見するのに適した岩石は河口や浅海で堆積した地層で、陸上生物の死骸が海に流れる前にそこに溜まり、化石化している可能性がある。しかし最もよい条件は、河川や湖の堆積物である。これらは陸上生物の生息していた環境とほぼ同じだからだ。

恐竜の探索

恐竜を探すには、最初から計画的に事を進める必要がある。これまでにわれわれが学んだことに基づくと、最初にすべきなのは、興味のある地域の地質図をもとに、適した年代の岩石を確認することである。それらの岩石が、少なくとも陸上動物を保存するものであることを検証することもまた重要である。そのため、とくにはじめて訪れる場所であれば、恐竜の化石を発見する可能性を推定するのには、地質学の知識が必要である。

普通は、調査地域の岩石を熟知することが必要で、これはハンターが獲物の住んでいる土地を研究することに似ている。また、化石を見る「目」を養うことも必要で、時間をかけることによって化石の断片ですら識別することができるようになる。

化石を見つけると、アドレナリンがほとばしり興奮するだろう。しかし、同時に最大の注意を払わなければならない。発見者が、博物館に展示できるような標本を掘り出そうと熱中するあまり、化石が壊れてしまい、せっかくの発見が科学的な意味で台なしになることがよくある。焦りが化石を傷める場合があるのだ。また、訓練された古生物学者が注意深く発掘していれば、もっと大きな骨格全体を掘り出せた場合もある。またさらに言えば、化石が含まれている岩石自体にも、より正確な標本の年代や、その動物が死んで埋まった過程についての重要な情報が含まれているかもしれない。

化石を探して見つけることは、技術的に興味深い過程であると同時に、個人的にもわくわくするような冒険の一種である。しかし、化石の発見は、化石になった生物やその生物が生きていた世界を生物学的に理解するための、科学的な検証のはじまりにすぎない。この点で、古生物学者と法医学者の仕事には、いくらか似たところがある。どちらも周囲の状況を理解することに関心があり、文字どおりあらゆる手段を用いて多くの手がかりを解釈し、理解する科学であるからだ。

恐竜の発見：イグアノドン

化石を見つけたなら、その外見上の形態や生物学的・生態学的な情報だけでなく、どの生物の化石であるか、また、ほかの生物とどのような関係にあったかを明らかにするために、科学的に研究することが必要である。古生物学的研究のこのような過程には試行錯誤がつきものである。その一例として、非常によく研究されているイグアノドン（*Iguanodon*）を用いて説明しよう。イグアノドンには語るべき興味深い物語がある。また私にとっても古生物学者としてのキャリアを積むきっかけとなった恐竜で、個人的にもよく知っているためここで取り上げた。偶然による幸運にめぐり会うことは、古生物学研究の中で重要な役割を担っているように思える。少なくとも私の研究にとっては、それは確かな事実であった。

イグアノドンの物語は、恐竜についての科学的な研究史のみならず、古生物学の研究史のほとんどすべてにまたがっている。そのため、イグアノドンについて語ることは、過去２００年にわたる、恐竜をはじめとした古生物学分野の科学研究の進展をはからずも説明することになる。さらに、情熱や努力を携えた人間らしい科学者たちも登場する。この恐竜研究史の中で、当時の理論によって広まった影響についても明らかになるだろう。

後にイグアノドンと名づけられる化石が「本当に」最初に記録されたのは、１８０９年のことである。その化石は英国・サセックス州のカックフィールドで採集され、非常に独特で大きい脛骨の下端と、判別できない椎骨の破片からなっていた（図6）。これらは、「英国地質学の父」とよばれるウィリアム・スミスによって発見された（スミスは英国初の地質図の作成に取り組んだ地質学者で、彼の地質図は1815年に完成している）。これらの化石は、当時の研究者にとって収集・保管の対象にはなったが（現在も大英自然史博物館に収蔵されている）、それ以上の研究はされず、私が1970年代の終わりに同定を行うまで放置され、正式に認められていなかった。

　1809年は、化石が発見されるのにはちょうどよい時期であった。当時ヨーロッパでは、化石とそれに関係する科学の分野が成立しつつあったためである。この時代、最も偉大で影響力のあった科学者ジョルジエ・キュビエ（1769〜1832）は「自然史研究者」としてパリで研究しており、皇帝ナポレオン政府の行政官だった。この時代の「自然史研究者」は自然界に関連した幅広いテーマを手掛ける哲学者兼科学者であり、彼らは地球、岩石、鉱物、化石と現生生物すべてを扱っていた。1808年にキュビエは、オランダのマーストリヒトのチョーク採石場から産出した、巨大爬虫類の化石の再記載[2]をしていた。この化石は、ナポレオンの軍隊によって、1795年にマーストリヒトの包囲中に戦利品として要求されたことで有名だ。この生物は最初はワニと思われていたが、キュビエによって巨大な海棲爬虫類であると訂正され、その後、英国の聖職者で自然史研究者でもあるウィリアム・D・コニベア牧師によっ

図6　1809年，サセックス州のカックフィールドでウィリアム・スミスが採集した，最初のイグアノドンの化石.

て、モササウルス（*Mosasaurus*）と名づけられた。古代の地球に、想像もできないほど巨大な化石爬虫類がいたことの影響はまさに甚大であった。それは、ほかにも存在したと考えられる、巨大な「トカゲ」の絶滅種を探すことにつながった。また、合理的な疑念を超えて、聖書に描かれる前の「初期の世界」があったことを示し、このような化石生物が巨大トカゲのような爬虫類であると解釈するための見方や手法が確立していった。

ナポレオンが敗れ、英国とフランスに平和が戻ると、キュビエは1817〜1818年にかけてやっと英国を訪問することができ、同じような興味を持っていた研究者と会った。彼はオックスフォード大学で、地質学者ウィリアム・バックランドのコレクションの中にあった、巨大な化石に出会った。トカゲに似た巨大な陸上性生物のものと思われるその化石を見て、キュビエはノルマンディから発掘された、似たような骨を思い出した。1824年にバックランドはコニベアの若干の協力のもと、この生物をメガロサウルス（*Megalosaurus*）と名づけた。

本書にとって重要な発見は、1821〜1822年まで待たねばならない。舞台はウィリアム・スミスが訪れた13年後の、同じカックフィールドのホワイトマンズグリーン付近の地域である。当時、ギデオン・アルジャーノン・マンテル（1790〜1852）という、化石の探索に熱心な医師がルイスに住んでおり、彼の生まれ故郷である英国南部のウィールド地方（サリー州の大部分と、サセックス州、ケント州の一部が含まれる地方）の化石や地質構造についての詳細な報告をまとめるために、空いた時間のすべてを費やしていた。マンテルは１８２２年、詳しい図解がある見事な大判の本を出版し、彼のそれまでの研究成果をまとめた。この本には、彼が誤って同定してしまった、巨大な爬虫類の歯と肋骨についても詳細に記載されている。これらの歯の一部は石切工からマンテルが購入し、ほかは彼の妻（メアリー・アン）によって収集されたものである。マンテルはその後3年間を、これらの巨大な歯を持つ動物は何かを同定することに費やした。しかしマンテルは、キュビエが専門とする比較解剖学を学んでいなかった。そのため彼は化石の同定に関する見識を身につけるために、多くの国内の研究者と接し、さらにパリのキュビエにも、同定のために貴重な標本のいくつかを送っていた。最初の頃、マンテルの発見はキュビエにさえ、サイの切歯か大きな魚の骨かといった、現生動物の骨の一部と見なされた。それにもめげずマンテルは研究を続け、そしてついに解答にたどりついた。ロンドン王立外科大学のコレクションの中から、当時南米で発見された、植物食爬虫類のイグアナの骨格に出会ったのだ。イグアナの歯は、マンテルが見つけた化石と全体的な形状がよく似ていたため、彼は化石がイグアナに類似した、絶滅した巨大な植物食動物の歯だと考えた。１８２５年にマンテルはこの新発見を公表し、この動物を「イグアノドン」と名づけた。この名前は、文字どおり「イグアナの歯」という意味である。ここにもまたコニベアの影響があった。彼の古典的な教育や気質によって、マンテルには自然と、発見物を命名する際の才能

図7　マンテルが発見したイグアノドンの歯の実物化石の一つ.

が備わったのだ。

当然のことながら、このような比較研究ができるようになると、これら初期の発見は巨大なトカゲが生息していた、過去の世界が存在することを裏づけるようになった。たとえば、現生する1メートル大のイグアナの歯と単純比較すると、マンテルのイグアノドンは25メートルを超えると推定された。マンテルがイグアノドンを記載したことは評判になり、イグアノドンや太古のウィールド地方に住んでいた動物たちのさらなる発見へ向け、彼はますます努力するようになった。

1825年以降の6〜7年の間、ウィールド地方からは部分化石しか発見されなかったが、1834年にケント州のメードストンから、バラバラになった部分骨格の化石が発見された（図8）。最終的にマンテルが購入し「マンテルの骨格」とよばれたこの化石は、彼のその後の研究に大いに刺激を与え、恐竜の復元画をはじめて作成するという成果ももたらした（図9）。彼は後半生で、イグアノドンの解剖学と生物学を明らかにする研究を続けた。しかし悲しいことに、彼の研究成果の多くは、非常に有能で家系もよく、大志を抱いていた無慈悲な強敵、リチャード・オーウェン（1804〜1892：図1）の登場によって、すっかり影が薄くなってしまった。

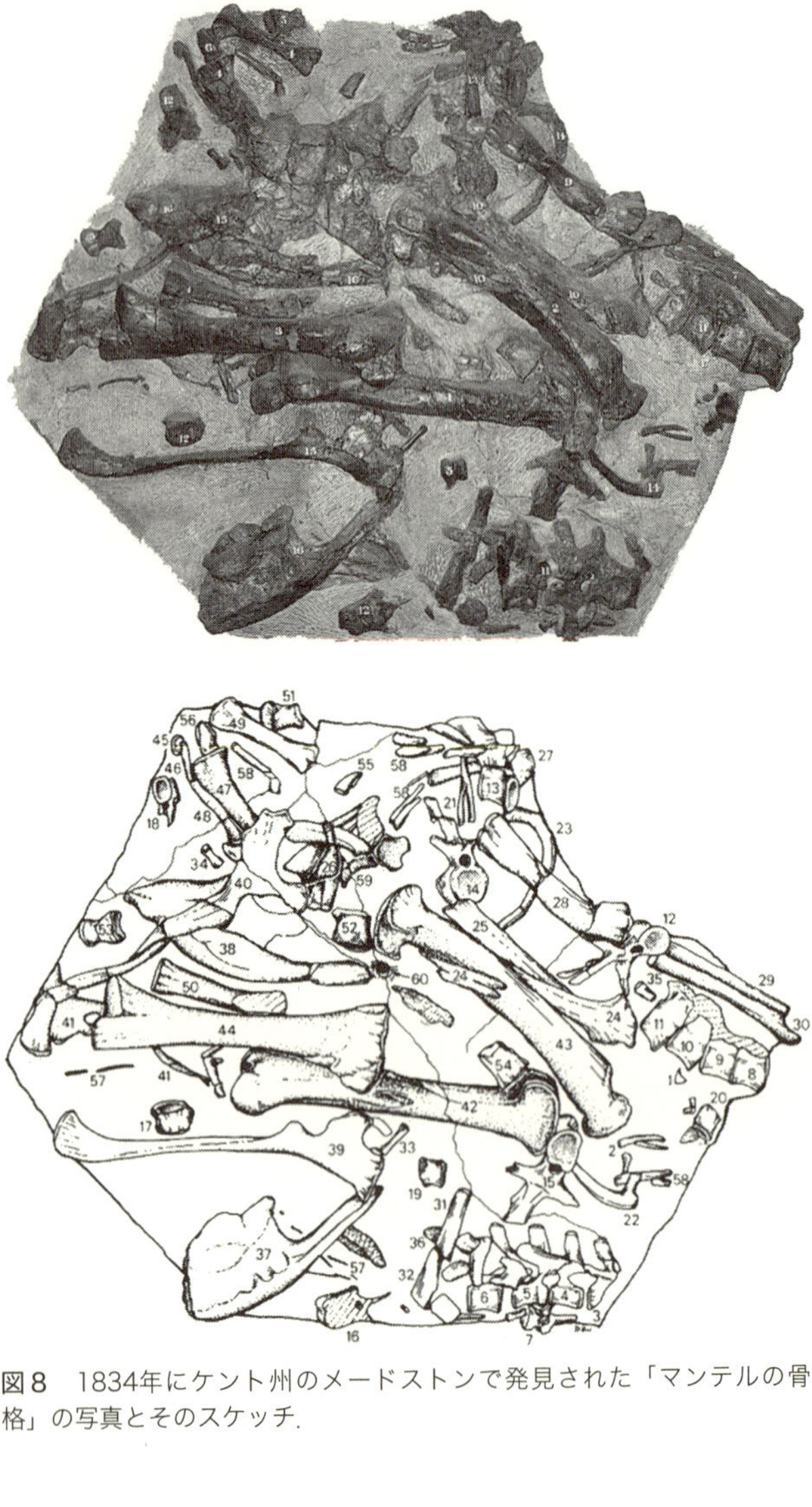

図8　1834年にケント州のメードストンで発見された「マンテルの骨格」の写真とそのスケッチ.

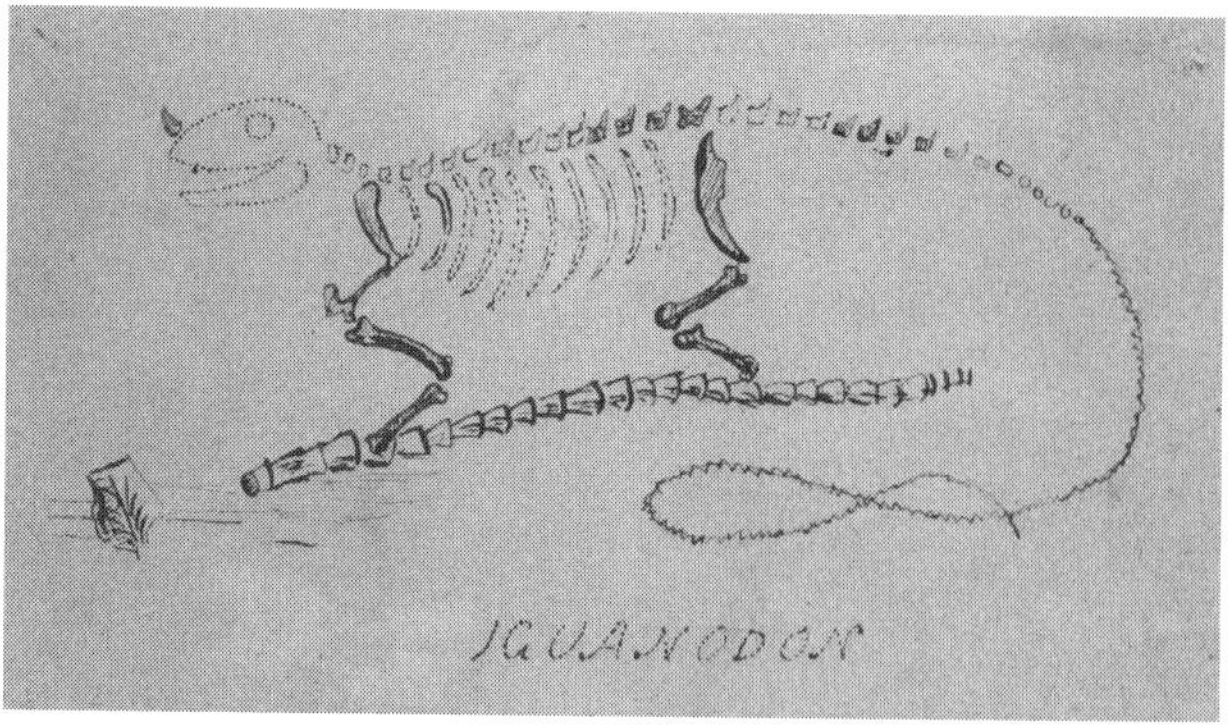

図9　マンテルによるイグアノドンの復元図（1834年頃）.

恐竜の「発明」

マンテルより14歳若いオーウェンもまた、医学、とくに解剖学を集中して学んでいた。彼はすでに熟練した解剖学者としての評価を得ており、ロンドン王立外科大学での職を獲得していた。ここで彼は膨大な比較標本に触れ、たいへんな勤勉さで技術を身につけ、ついに「イギリスのキュビエ」とまでよばれるようになった。１８３０年代後半、彼は英国学術協会から、その当時までに知られていた英国の化石爬虫類をすべて詳細に再研究するための予算を獲得していた。この研究成果は、良質な図版が多数載った大判本のシリーズとして出版され（キュビエが19世紀初頭に重要な研究成果をまとめた『化石骨』というシリーズ本によく似ている）、オーウェンの科学的な評判を確固たるものにした。

このプロジェクトでは、その成果として二つの重要な出版物を刊行した。一つは１８４０年の、おもに海生動物の化石（コニベアが見つけた *Enaliosauria*）に関するもの、もう一つが１８４２年の、マンテルが見つけたイグアノドンを解説したものである。注目すべきなのは、１８４２年の報告の中でオーウェンが「新族あるいは新亜目として……私は……恐竜と名づける」と述べていることである。この中でオーウェンは三つの恐竜を報告している。ウィールド地方で見つかり、マンテルによって名づけられたイグアノドンとヒラエオサウルス（*Hylaeosaurus*）、そして、オックスフォードから産出した巨大な爬虫類、メガロサウルスである。オーウェンは詳細な解剖学的観察に基づいて、恐竜をこれまで認識されていなかった、独立したグループであると考えた。彼はこのグループの特徴として、発達した仙骨（脊柱と腰が強力に関節する部位）、胸郭部分の双頭の肋骨、柱のような構造の脚を挙げた（図10）。

それぞれの恐竜を順番に再考察していく中で、オーウェンはその大きさを検討し、巨大であると言っても9〜12メートル程度で、それ以前にキュビエやマンテル、バックランドたちが考えたほど劇的な大きさではないとした。さらにオーウェンはこれらの動物の解剖学および生物学について少し推測を加えたが、それは今日の恐竜の生物学や生活様式の解釈方法に照らしても、十分合理的で、かつ驚くべき内容を含んでいる。

この報告で、彼は結論として次のように述べている。恐竜とは、

図10　オーウェンによるメガロサウルスの復元図（1854年頃）.

最も大きなサイズの動物であり、肉食または植物食としてのそれぞれの特徴において、最も重要な位置を占めた動物であったに違いない――地球上にこれまで存在した、卵生かつ冷血動物の中では。（オーウェン、1842年：200ページ）

そしてさらに、

恐竜はワニと同じ胸郭の構造で、四つの部屋からなる心臓を持っていた可能性がある。これは今日の温血動物の哺乳類に近い特徴である。（同上：204ページ）

したがって、オーウェンの概念では、恐竜は、今日の地球で熱帯地方に生息する巨大な哺乳類に似た、頑丈で、しかし（爬虫類であるため）卵生かつウロコを持った生物だとされた。また彼は、爬虫類が支配的だった頃の地球で、恐竜は栄華をきわめていたとも考えた。オーウェンの定義する恐竜は、古代の世界では、現在のゾウやサイ、カバのような動物と考えられた。わずかな化石に基づいていただけにもかかわらず、科学的演繹理論からすれば、これは過去の生物を鮮やかに鋭く観察し、さらに革命的な視点でもあった。比較解剖学におけるキュビエの法則(4)に基づいて確立された「巨大なトカゲ」モデルは完全に合理的かつ論理的な解釈であったが、並べてみると、オーウェンの視点はいかに非凡なものであるかがわかる。

分類群としての「恐竜」の創設は、当時、ほかにも重要な目的を持っていた。報告はさらに、19世紀前半の生物学および地質学分野において一般的になっていた、進化論者や生物変異論者の研究に対して幅広く反論している。進化論者は、最も初期の岩石からは単純な生物の化石が見つかり、最近の岩石からはより複雑な生物の化石が見つかることから、化石記録は、生命が次第に複雑さを増していったことを示しているのではないかと述べている。生物変異論者は、一つの種の仲間はまったく同じではないと述べ、この変異性が時間とともに種に変化をもたらすかどうかを熟考した。パリのキュビエの研究仲間であるジャン・バティスト・ラマルクは遺伝形質の継承を通して、時間とともに動物種が変化、もしくは種分化するかもしれないと提唱した。これらのアイディアは、「地球上の生物は神が創造した」という、オーウェンをはじめ人々に広く支持されてきた聖書の考えに反するものであり、広範かつ辛辣に議論された。

恐竜など、信心深いオーウェンの報告で認定されていた生物集団は、地球上の生命が時間を経て複雑さを増していったというよりは、むしろ逆であるように見える。恐竜は解剖学的には、卵生で冷血の、ウロコを持つ爬虫類である。しかし、今日の爬虫類は、オーウェンが発見したような、中生代に生きていた壮大な恐竜と比較すれば、退化したグループと言えるだろう。要するに、オーウェンは当時の急進的な進化論者を押さえつけようと試みていたのである。報告は、ウィリアム・ペイリー牧師が著書『自然神学』の中で示した、自然界のすべての生物の創造者と設計者として中心に神がいるという見方にも近い考えに基づいて、生命の多様性に関する理解を再構築するためにまとめられたのだ。

オーウェンの評判は1840～1850年代を通じて固まり、彼は1854年に移築された万国博覧会施設の立案に関する委員会に没頭するようになった。急激に高まっていたオーウェンの評判からすれば、彼が恐竜の展示物の科学的監修者の第一候補ではなかったことは奇妙に思える（第一候補はギデオン・マンテルだった）。マンテルは健康上の不安や、何よりも大衆向けの科学の仕事がはらむ危険性、とくに不完全なアイディアを間違って説明してしまう危険性を非常に警戒し、この役割を断った。

マンテルの物語は悲劇的に終わった。彼の化石への執念と個人博物館の建設は、彼の医師としての業務の崩壊につながり、家族はばらばらになった。妻は彼を残して出て行き、子供たちも成長すると家を去った。彼がつけていた日記には、憂鬱な記述が多くあった。晩年、彼は孤独で、慢性的な背中の痛みにさいなまれており、最後はアヘンチンキ(5)の過剰摂取によって死んでしまった。

オーウェンという、強い野望を持った輝かしい専従の研究者に出しぬかれはしたが、マンテルは最晩年の10年間もイグアノドンの研究を続けていた。彼は一連の科学的な論文を発表し、自分の発見をまとめた一般向けの本も何冊も出版した。そして1851年に彼は、オーウェンの思い描いた、がっしりした「巨大な爬虫類」という恐竜の見方が(少なくともイグアノドンについて)おそらく間違っていることを誰より早く認識した。歯のついた顎の発見や、「マンテルの骨格」とよばれる部分的な骨格の研究によって、イグアノドンは力強い後肢と小さく弱々しい前肢を持っていたことが明らかになった。マンテルは結果的に、イグアノドンの姿勢について、絶滅したナマケモノの一種、ミロドン(*Mylodon*)についてのオーウェンによる詳細な記載から逆説的にひらめいた。そして、イグアノドンの姿勢は、巨大な絶滅したナマケモノを「直立させた」復元図と似たようなものかもしれないと結論した。不運なことに、この研究は、クリスタルパレスにつくられたオーウェンの恐竜模型(図2)が巻き起こした熱狂と、その評判によって見落とされてしまった。マンテルのこの疑問に対する真実と、彼が持っていた強い知性が明らかになるのは、もう一つの驚くべき偶然による発見がなされた30年後のことであった。

イグアノドンの復元

1878年、ベルギーのベルニサールという小さな村の炭坑で、特筆すべき発見があった。地上から300メートル以上深い地下の炭層で採掘している石炭工たちは、突然、柔らかく層状の頁岩《けつがん》層に行きあたり、材化石(6)の大きな破片があることに気づいた。また、その周囲がまるで黄金で満ちているように光り輝いて見えたので、石炭工たちは材化石を熱心に集めた。詳細に分析した結果、木のようなものが骨の化石であることがわかり、黄金に見えたものは「愚者の金（黄鉄鉱）」であることがわかった。歯の化石も骨と一緒に少し見つかったが、それらは何年も前にマンテルによってイグアノドンと認められたものに似ていた。じつは石炭工たちは見せかけの黄金を見つけたのではなく、完全な恐竜骨格という、本物の宝の山を見つけていたのである。

その後5年間で、石炭工とブリュッセルの王立ベルギー自然史博物館（現在の王立自然史研究所）の研究者のチームは、40体近いイグアノドンの骨格に加えて、同じ頁岩からほかの動植物の大量の化石も発掘した。恐竜骨格は完全に関節している（骨同士がつながっている）もの

図11　ルイ・ドロー（1857〜1931）．

も多く、当時、世界中で最も注目された発見となった。そしてこれは、ブリュッセルの若い研究者、ルイ・ドロー（1857〜1931：図11）にとって、豊富な化石の記載と研究を存分にできるまたとない機会となった。彼はこの研究を1882年からはじめ、結局、1920年代に引退するまで続けた。

ベルニサールで発見され、ドローたちによって組み上げられた完全な恐竜の骨格は、ついにオーウェンのイグアノドンのモデルが間違いだったことを明らかにした。マンテルが推定したように、前肢は後肢のように大きく力強くはなく、太い尻尾を持ち、全体のプロポーションは巨大なカンガルーのよ

図12　ドローによるイグアノドンの骨格図.

うだった（図12）。

骨格の復元とそれに至るまでの過程は、恐竜の外観と類縁性についての当時の解釈が、ドローの研究にどのように影響したかを示しており参考になる。米国・フィラデルフィア自然科学アカデミーの、オーウェンと同等の業績を持つ研究者、ジョセフ・ライディーが研究していた、ニュージャージー州から発見された興味深い不完全な恐竜によって、オーウェンの「巨大な爬虫類」という恐竜の見方は１８５９年には早くも疑問を投げかけられていた。また、オーウェンはトーマス・ヘンリー・ハクスレー（１８２５～１８９５）という若い大志を抱くロンドンのライバルによって、非常に厳しく批判されていた。

1860年代後半までになされた一連の新発見によって、恐竜とほかの動物の類縁関係についての議論が進展した。ドイツでは、よく保存された最初期の化石鳥類（始祖鳥：アーケオプテリクス（*Archaeopteryx*）、「古代の翼」の意）が発見された（図13）。この化石は、最終的に大英自然史博物館が個人の収集家から購入し、オーウェンによって1863年に記載された。この標本は、鳥類である証拠となる羽毛の痕跡が、骨格の周囲の母岩に、後光のように保存されていた。しかし、現生鳥類と違い、前肢には鋭い爪を持った三本指があり、顎には歯があり、長い骨性の尾を持っていたため、現生爬虫類にも戸惑うほど非常によく似ていた。現生鳥類には長い尻尾を持つものもいるように思われているが、それらはたんに、短い尾の骨に長い羽毛がついているだけである。

始祖鳥の発見からそれほど経たないうちに、新たな骨格がドイツの同じ場所から発見された（図14）。その小さい化石はよく保存されており、羽毛の痕跡を持たず、前肢は翼を持つには短すぎた。解剖学的には小さな肉食恐竜で、コンプソグナトゥス（*Compsognathus*：「かわいらしい顎」の意）と名づけられた。

これらの二つの化石は、科学史的にきわめて繊細な時期に発見された。最初の始祖鳥の化石が見つかるわずか1年ほど前の1859年に、チャールズ・ダーウィンが『種の起源』を出版していた。この本には、進化論者と生物変異論者によって提唱されている考えを支持する証拠

図13　1876年に発見された，保存状態のよい始祖鳥の標本（約40 cm）.

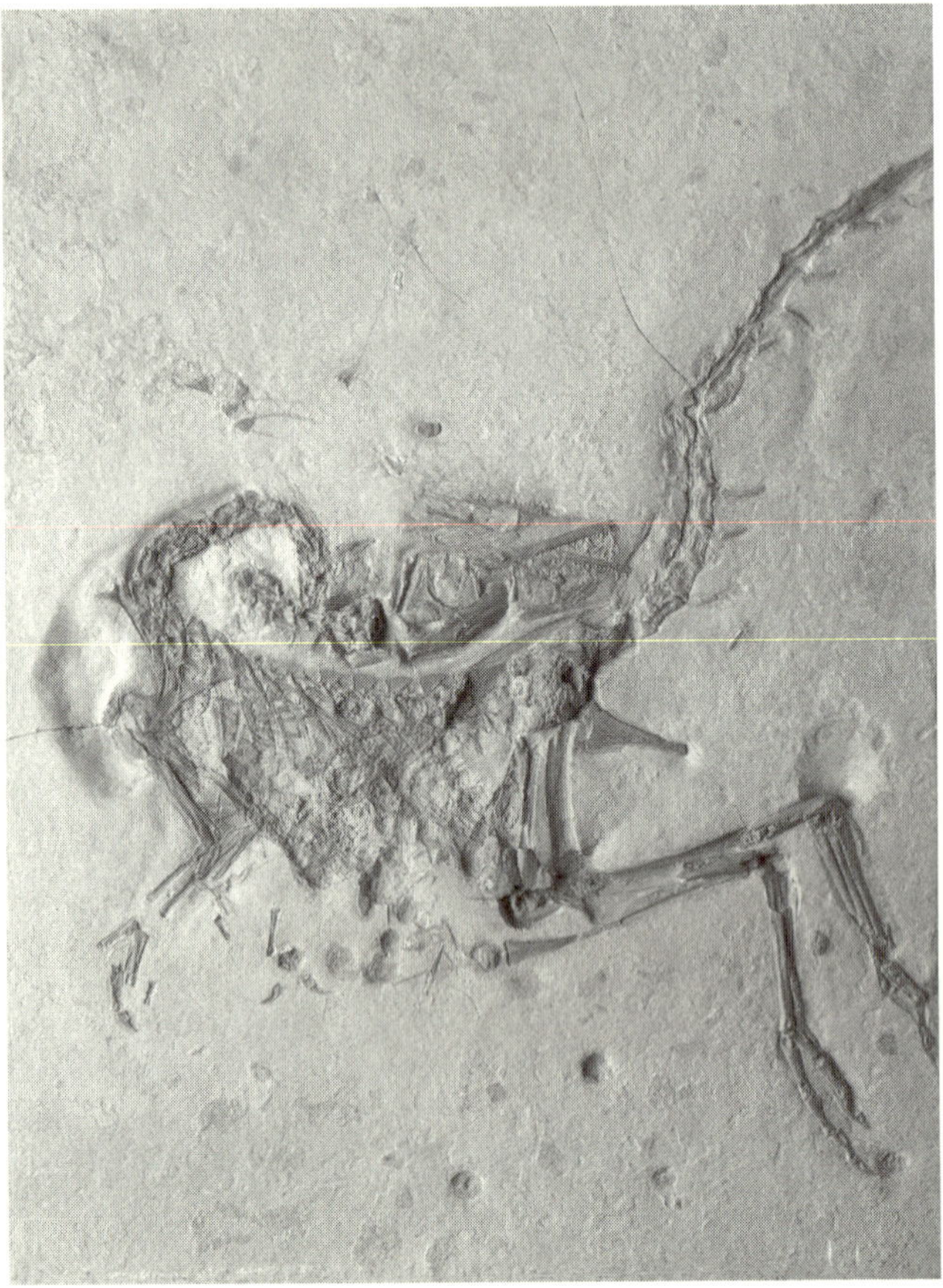

図14　コンプソグナトゥスの骨格（約70cm）.

が詳細に記してあった。最も重要な点は、新種が地上にどのように出現するかについて、自然選択というメカニズムを提唱したことである。世界で知られているすべての種を、神が直接創造したのではないことを示唆したのだ。それは、その当時広く受け入れられていた聖書の教えを直接的に否定する、衝撃的な内容であった。ダーウィンの考えは、オーウェンのような信心深い権力層によって精力的に批判された。それに対して、急進的な知識層はダーウィンの考えに対し、非常に肯定的であった。ハクスレーはダーウィンの本を読んだ後、「こう考えていなかったとは、私はなんと愚かだったろう！」と叫んだと言われている。望むと望まざるにかかわらず、恐竜の発見が議論の主役となってしまったケースもある。ハクスレーはすぐに、小型の肉食恐竜コンプソグナトゥスと、始祖鳥が解剖学的にとてもよく似ていることに気がついた。1870年代初期には、ハクスレーは鳥と恐竜は解剖学的に似ているというだけではなく、それは鳥が恐竜から進化したという理論を支持する証拠であると提唱した。いろいろな意味で、舞台はベルニサールでの発見のために整ってしまったのだ。1870年代後半までには、輝かしい若い学生だったドローは、オーウェンとハクスレーおよびダーウィンらの間の不和に完全に気づいていただろう。重大な問題の一つは、ドローの新しい発見が、当時の大きな科学的論争と関係があったかどうかということである。

イグアノドンの全身骨格が注意深く解剖学的に研究された結果、鳥盤類（「鳥の骨盤」の意）

として知られる腰の構造が明らかになった。さらに、長い後肢の先には、太く鳥のような三本指があることも明らかになった。後肢の構造は、エミューのような陸上歩行鳥類のものと非常によく似ていた。また、この恐竜は鳥のように曲がった首を持ち、上下の顎の先端には歯がなく、鳥が持つ角質のクチバシのようになっていた。このようなすばらしい発見の直後に、ドローが直面した記載と解釈の課題を考えるにあたって、ブリュッセルではじめて骨格が復元された際に撮影された写真に写っているものは興味深い（図15）。巨大な恐竜の骨格の隣に二つのオーストラリアの動物の骨格を見ることができる。小さなカンガルーの一種であるワラビーと、大きな飛べない鳥として知られるヒクイドリの骨格である。

この復元に、英国で白熱していた議論の影響があったことに疑う余地はないだろう。この新しい発見は、ハクスレーの主張が正しかったことを示し、マンテルの1851年の主張が正しいことを明らかにした。イグアノドンは、オーウェンが1854年に示したモデルのように、不格好でウロコをまとったサイのような動物ではなく、むしろカンガルーの休憩姿勢に似たような大きな生物であった。そしてハクスレーの理論が予測したように、鳥にも似た特徴をいくつか持っていたのだ。

ドローはたゆまぬ独創性を発揮して、彼の記載した化石生物の研究を進めていた。彼は化石生物の生物学や筋肉の詳細をよりよく理解するために、ワニや鳥の解剖を行い、恐竜の軟組織

図15　1878年にブリュッセルの自然史博物館で復元されたイグアノドン．比較のためにヒクイドリとワラビーの骨格が置かれている．

の同定に使えるようにした。彼は、このような謎の多い化石を理解するために、法医学の手法を多く用いていた。ドローは、後に進化古生物学として確立する、新しいスタイルの古生物学を設計した研究者として知られるようになり、古生物学が絶滅動物の生物学へ、さらには、行動学や生態学の研究へと拡大すべきであることを示した。マンテルの発見からちょうど100周年となる1923年に、ドローはイグアノドンに関する最終的な研究成果を出版した。彼は、恐竜の生態がキリン（もしくはマンテルの巨大な絶滅ナマケモノ）と同等であると、彼の恐竜に関する見解を簡潔にまとめた。ドローは、イグアノドンの姿勢が高い木からエサを集めるのに適していることや、長い筋肉質の舌によってエサを口に運ぶことができたこと、鋭いクチバシは丈夫な茎を噛み切るのに使ったこと、そして特徴的な歯は、飲み込む前に食物を粉々にするのに使っていたことなどを結論づけたのである。完全に関節した骨格をもとにした、この非常に強固で厳然たる解釈は、科学界で受け入れられた。この解釈は、その後60年にわたり揺るぎないものとして耐えてきた。ブリュッセルのイグアノドンの組立骨格は、20世紀のはじめにレプリカがつくられ、世界中のたくさんの博物館に展示された。ドローの考えは、そのレプリカの普及とともに広まり、さらに影響力のある教科書にもこの内容が記されるようになると、いっそう強固なものになっていった。

恐竜古生物学の衰退

ドローがすばらしい研究のピークを迎え、また、彼が新しい進化古生物学の「父」としての国際的な評価を得た1920年代は、皮肉にも、自然科学の中における恐竜学の存在感が弱まりはじめた時期と重なっている。

1920年代半ば～1960年代半ばまでの間、古生物学、とくに恐竜に関する研究は、思いのほか停滞していた。ヨーロッパで注目すべき初期の発見が数多くなされたのは1870年頃からの30年間であり、その後は「骨の戦争」の舞台は米国へと移っていった。この「戦争」は、猛烈でときには激しい新発見と命名の競争であり、研究版の「西部劇」と言ってもよいほどであった。その中心は、ライディー教授の丁寧で気取らない弟子、エドワード・ドリンカー・コープと、彼のライバル、イェール大学のオスニエル・チャールズ・マーシュである。彼らは、米国の中西部で、可能な限りたくさんの新しい恐竜を収集するために、強盗団のような仲間を雇い入れていた。この「戦争」は、何十という新しい恐竜の名前が学術誌に載るような、狂乱的な状態を招いた。ブロントサウルス（*Brontosaurus*）[7]、ステゴサウルス（*Stegosaurus*）、トリケラトプス（*Triceratops*）、ディプロドクス（*Diplodocus*）など、当時命名されたものの多くは現在でも使われている。

20世紀初頭は、一部には偶然に、ほかの地域でも同じような魅惑的な発見が相次いでいた。

たとえば、ニューヨークにある米国自然史博物館のロイ・チャップマン・アンドリュース（映画『インディー・ジョーンズ』のモデルとも言われている）によるモンゴル調査、ベルリン自然史博物館のヴェルナー・ヤーネンシュによる東アフリカ（タンザニア）調査などである。

たくさんの新しい恐竜が世界中のあらゆる場所で発見・命名され、博物館の展示の目玉となっていたが、古生物学者には、絶滅した生物の登録簿に新しい名前を加えているだけのようにもみえた。「種の老化」に基づく絶滅理論の例として恐竜が使われるほど、挫折感は広がっていた。恐竜は長く生きすぎたために、その遺伝子構成が疲れ果て、もはやグループ全体が生き残るのに必要な新規性を生み出すことができなくなったとされたのだ。このことは、恐竜が、結局は地上で行われた進化と動物デザインの実験だったにすぎないという考えにもつながった。

多くの生物学者と理論学者が、この研究分野を偏見の目を持って見はじめたのは当然だろう。紛れもなく刺激的な新発見であっても、新たに注目すべき方向性を示すデータには見えなかった。化石生物の発見は、記載や命名という科学的な形式が必要であったが、その先にあるものは、本質的に博物館と変わらなかった――厳しい言い方をすれば、それらは「切手収集」と同じものとみなされた。恐竜やそのほかの多くの化石の発見は、化石記録に生命の多様性を書き加えはしたが、それを超えた科学的価値はないように見えた。

ところが、この考え方に変更を迫るような、新たな要素が生じてきた。グレゴール・メンデルの遺伝の法則に関する研究（1866年に出版されたが、1900年まで注目されなかった）が、自然選択によって進化が起こるというダーウィンの理論を支持する、重要なメカニズムを明らかにしたのだ。メンデルの研究は、1930年代に「ネオダーウィニズム」（新ダーウィン主義）が成立する過程で、ダーウィンの理論と見事に合流した。メンデルの遺伝学は、有利な形質（メンデル遺伝学の用語では、遺伝子、もしくは対立遺伝子とよぶ）がどのように世代を超えて伝わるのかという、ダーウィン理論の本質的な懸念の一つを一挙に解決した。遺伝メカニズムがあまり理解されていなかった19世紀中頃には、ダーウィンは、彼の理論において選択の対象となる形質は、次世代に遺伝する際に混ざり合うと仮定していた。しかしダーウィンは、どんなに有利な形質も、もしそれらが世代交代の中で混ざり合えば、存続できなくなるほどに希釈されてしまうだろうと自覚していたため、この仮定は致命的な欠陥といえた。そんな中、ネオダーウィニズムは問題を非常に明確にし、メンデル遺伝学は理論に数学的な厳密さを与えたのだ。そうして息を吹き返した遺伝学の研究テーマによって、新しい研究手法が急激に生み出されていった。そして、行動進化学と進化生態学の分野に大きな進展をもたらすのみならず、遺伝学と分子生物学にも新しい科学を拓き、最終的に1953年のワトソンとクリックによるDNAモデルへと結実した。

不幸なことに、この豊かな知的分野は、古生物学者にとってはあまり利用できるものではなかった。化石生物で遺伝的メカニズムを研究できないことは自明であり、したがって彼らは、1950年代以降、遺伝学的な研究の知的推進には、何の物的証拠も提示できなかったように思われる。ダーウィンは彼の新理論の中ですでに古生物学の限界を予見していた。彼の独特の推論を用いれば、新しい進化論に関するどんな議論に対しても、化石による貢献は限定的なものとなる。『種の起源』の「化石記録の欠陥」をテーマとした章の中で、ダーウィンは、化石は地球生命史の進化の物的証拠であるが（より古い進歩論者の議論に立ち戻るが）、積み重なる地層も、その中に含まれている化石記録も、悲しいほどに不完全なものであると述べている。地質記録を、地球生命史を図示した本に例えて、ダーウィンはこう述べている。

……この本の中の、ここかしこに短い章がわずかに保存されているだけか、または各ページの中のここかしこに数行が保存されているだけである。（ダーウィン、1882年［第6版］：318ページ）

恐竜の進化古生物学：新しいはじまり

化石の研究が、より総合的で幅広い興味の対象として再登場したのは、1960〜70年代のことであった。この再登場のきっかけとなったのは、化石記録からの証拠が、ダーウィニズムが言うところの「わけのわからないこと」とはほど遠いものであることを実証しようと熱望する、進化的志向の若い世代の研究者だった。この新しい研究が生まれてきた背景は以下のようなものである。進化生物学者は、本質的に二次元の世界（現在の空間という意味）に生きる現生動物にその研究範囲が制限されており、したがって、彼らは種を研究することはできるが、新種の出現は目撃できない。それに対して、古生物学者は時間という軸も加えて、三次元の研究ができるのである。化石記録には、新種の出現とほかの種の絶滅を見届けるのに十分な時間の幅がある。これによって、古生物学者が進化の問題にかかわる疑問を提示できるようになる。すなわち、「地質年代という時間尺度は、進化の過程に、新たな（もしくは異なった）展望を提供できるか？」「化石記録は、進化の謎を明らかにするのに十分に有益であるか？」というものである。

地質記録の詳細な調査から、化石（とくに殻を持った海洋生物）の豊富な連続性が実証されはじめた。それは、19世紀中頃の古生物学研究の初期段階と比較して、ダーウィンが想像したよりもはるかに多様であった。これらの研究から、長い地質年代における生物学的進化の様式に関して、生物学者の見識に疑問を呈するような観察結果や理論が登場した。たとえば、化石記録には突然かつ大量の世界的規模の絶滅と、そこからの動物相の回復が記録されていたが、それらはダーウィンの理論では予測し得なかったことである。このような大量絶滅は、ある瞬間に生命進化のスケジュールをリセットするもののように見え、また、一部の理論家は、地球生命史は想像以上に「気まぐれな」、あるいは「偶発的な」ものであるとの視点を取らざるを得なくなった。また、時間を超えた、地球規模の生物多様性の大規模な、あるいは大進化的な変化は論証可能と思われた。これらは、くり返しになるが、ダーウィンの理論からは予想できないことであり、また別の説明を要するものである。

中でも注目すべきは、ニール・エルドリッジとスティーブン・J・グールドが提唱した「断続平衡」説である。彼らは、現代的な生物学から見た進化論は、化石記録の種にくり返し見られる変化パターンを包含できるように、拡張あるいは改変される必要があるとした。これらは、種が相対的に小規模な変化をする停滞期間（「平衡」期間）と、逆に、とても短い期間に急激に変化（「断続」）する期間からなっている。この考えは、ダーウィンの、時間をかけて種はゆっくりと連続的に変化するという説（「漸進進化」）とは一致しない。これらの考えは、進化古生物学者に、自然選択がはたらく段階についての疑問をもたらした。自然選択は、個体レベル以上で作用した例もあったということだろうか？

結果として、進化古生物学の分野全体は、よりダイナミックになり、探究心にあふれ、そして目を外に向けるようになった。さらにそれは、科学の他分野との、より広範囲な統合につながっていった。ほとんど化石に縁のない、ジョン・メイナード・スミスのような非常に有能な進化生物学者でさえ、進化古生物学がその分野を構築するのに大いに貢献することを認めはじめていた。

進化古生物学が科学的な信頼を取り戻しつつあった１９６０年代中頃は、恐竜の重要な新発見があった時期でもある。これらは、今日でも重要な概念である考えを導きだすもとになった発見である。この復活劇の中心は、「骨の戦争」の戦士、オスニエル・チャールズ・マーシュのもとの職場、イェール大学ピーボディー博物館であった。今回のこの発見の立役者は、恐竜に強い興味を持っていた、ジョン・オストロムという若い古生物学の教授である。


（訳注１）最近の研究では雑食性とも考えられている。

（訳注２）記載とは、生物の特徴などを記録すること。後年の研究で新たな情報が得られた場合に、さらに追加することを再記載という。

（訳注３）「族」や「亜目」などは分類階級の単位。

（訳注４）生物の体の構造は、各部位が関連していて、一部が変化すると相関的にほかも変化すること。

（訳注５）アヘンを含む溶液で、かつて薬として用いられていた。

（訳注６）一般に植物の樹幹の化石を指す。

（訳注７）今日のアパトサウルス（*Apatosaurus*）で、現在はこの名前は使われていない。

第2章 恐竜ルネサンス

「恐ろしい爪」の発見

1964年の夏、ジョン・オストロムは米国・モンタナ州のブリッジャー近郊にある白亜紀の地層で化石調査を行い、見たことのないような肉食恐竜の化石の一部を採集した。オストロムはその後も調査を続けて完全な化石を発掘し、1969年までにこの新しい恐竜の詳細な記載を行った。彼は、後肢にかぎ状に強く曲がった爪を持つこの恐竜に、デイノニクス（*Deinonychus*：「恐ろしい爪」の意）という名前をつけた。

デイノニクス（図16）は獣脚類とよばれるグループに属する、中型（体長2〜3メートル）の肉食恐竜だった。オストロムは、この恐竜の多くの驚くべき解剖学的特徴に気づいた。それは、「中生代末期に絶滅へと進んだ、時代遅れの動物」という、それまでの確固たる恐竜の見方を粉々に打ち砕く、革命的な思想的背景を持つものだった。
オストロムは、デイノニクスの解剖学的特徴をたんに明記する作業よりも、その難解な生態に興味を持った。彼が採った研究手法は、「切手収集」と揶揄された古生物学的手法とは異なり、イグアノドンの骨格をはじめて生物学的に理解しようと努めた、ルイ・ドローの初期の手法をまねたものだった（1章）。この手法では、現代の法医学と同じく、得られた証拠から正しい解釈や仮説に到達するためには、さまざまな科学分野から幅広く事実を集めてくる必要がある。これは今日でも、進化古生物学の背景にある考え方の一つとなっている。

デイノニクスの特徴

（1）この動物は、明らかに二足歩行性で（後肢のみで走る）、その後肢は細長かった。
（2）後肢に大きな三本指を持つのが特徴である。2本の後肢は歩けるようになっており、内側の指は地面からは離れたままで、何らかの動作を待つように「持ち上げられていた」。指には、ネコのように引っ込めることができる、巨大な鋭い爪がついていた。
（3）上半身は長い尾によって、腰の位置でバランスがとられていた。しかし、尾は仲間の恐竜のように、太く筋肉質のものではなかった。腰のあたりは柔軟で筋肉質だが、残りは細く、骨の杖のような尾だった。
（4）胸部は小さくまとまっていた。前肢は長く、3本の指先には猛禽類のような鋭い爪を持っていた。手首は回転することができ、それによって弧を描くように（カマキリのように）手を動かすことができた。
（5）首はガチョウのように細くカーブしており、大きな頭を支えていた。顎は長く、セレーション（ノコギリのようにギザギザの縁）が鋭くカーブした歯が並んでいた。前を向いた大きな眼窩《がんか》を持ち、大きな脳函《のうかん》を持っていた。

デイノニクスの自然史と生物学の推定

デイノニクスを「法医学」的な視点で検討してみたとき、その特徴から、この動物と生活様式についてどのようなことがわかるだろうか？

セレーションを持ち、鋭くカーブした歯と顎は、デイノニクスが獲物を薄く切って飲み込む肉食動物だったことを示している。目は大きく前を向いており、距離を正確に測れる立体視が可能だったことが示唆される。立体視は、三次元空間での動きを観察するのと同様に、獲物を

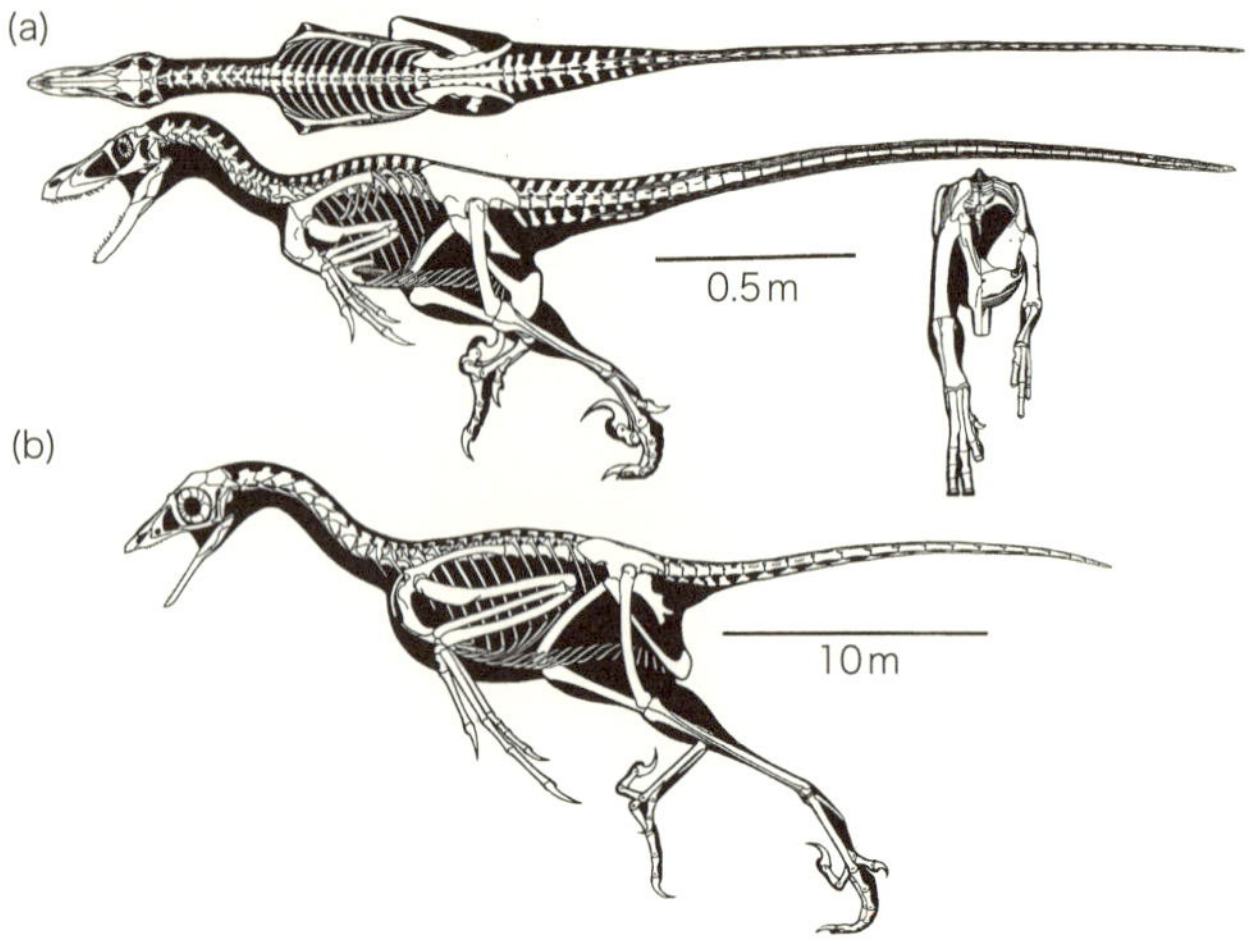

図16　(a) デイノニクスの三面図．(b) 獣脚類の仲間であることを示すために羽毛を取り除いた始祖鳥の模式図．

すばやく捕まえるのに有用である。またこのことから、ほかの恐竜と比較して大きな脳を持っていたこともわかる（これは脳函が大きいことからも言える）。複雑な視覚情報を処理するためには、脳の視覚野が発達している必要があり、その結果、デイノニクスはすばやく反応することができたと考えられる。また、脳の運動野も、筋肉のすばやい反応を統合的に制御するために、高度に発達している必要があった。

細身な体型と後肢の細いプロポーションを考慮すると、高度に発達した脳の必要性がよくわかる。身軽さと後肢の細さは、現生するすばやい動きの動物と似て、デイノニクスが短距離走者であったことを示唆する。足の細さから言っても、普通は三本指の方が安定するのに、デイノニクスは二本指で歩いていた。これは、デイノニクスのバランス感覚が優れていたことを示唆し、また、二足歩行をする動物であった事実の証拠にもなる。また、二本足だけできちんとバランスをとって歩くことができたこともわかる。これは、よちよち歩きの赤ん坊が日々成長するように、脳と筋骨格系のフィードバックを通じて学習し、完成しなければならない大仕事である。

バランスと筋肉の動き方という点を勘案すると、それぞれの足の「恐ろしい爪」は明らかに攻撃用の武器であり、この動物は捕食生活をしていたと考えられる。しかし、実際には、どのように使われていたのだろうか？　これには二つの可能性が挙げられる。その一つは、今日のダチョウやヒクイドリなどの大型の飛べない鳥のように、どちらかの足で獲物に斬りつけることで、この場合は片足でもバランスがとれたことになる。もう一つは、両足を攻撃に使うことである。獲物に飛びつき、両腕でつかんだ獲物に、殺人的な二つのキックを与えるもので、これはカンガルーがライバルとの戦いに用いるスタイルである。残念ながら、われわれはこの推測のどちらが真実に近いのかを決定することはできない。

長い腕と鋭い爪を持つ手は、獲物をつかんで切り裂いたり、獲物を捕まえる状況において有効だっただろうし、手首の関節によるかき集めるような動きは、獲物を捕まえる能力を相当に高めた。加えて、ムチのような長い尾は片持ち梁(8)のようになり、片足で攻撃する際には、綱渡りするときにバランスをとる棒のような役割を果たしただろう。あるいは、捕獲のために跳んだり、急激に方向を変える、高速で動くような獲物を追う際には、動的な安定装置として有効だっただろう。

デイノニクスを現生動物のように徹底的に研究したわけではないが、オストロムが、デイノニクスが活発で驚くほどよく制御され、おそらく知的な捕食性恐竜であったと結論した理由の概要をいくつか示した。なぜ、この動物の発見は、恐竜の進化古生物学分野の中で、非常に重要だとみなされるべきなのだろうか？　その問題に答えるには、まず、恐竜全体に対してより広い視野を持つことが必要である。

伝統的な「恐竜」像

20世紀初頭を通じて、広くそして合理的に、恐竜は絶滅した爬虫類のグループであるとされた。確かに、現生爬虫類と比較すると、非常に巨大で風変わりに見えるものもいるが、恐竜は疑いようもなく爬虫類である。リチャード・オーウェンやジョルジェ・キュビエは、恐竜が、トカゲやワニのような爬虫類と解剖学的に最も似た動物であると確かめた。この根拠には、恐竜の生物学的特徴の多くが、完全に同一でないとしても、現生爬虫類と論理的に似ていることが挙げられる。殻のある卵を産み、ウロコを持ち、「冷血」、すなわち外温性動物であるからである。

この視点を支持する根拠としては、ロイ・チャップマン・アンドリュースが発見したモンゴルの恐竜が卵を産んでいたことや、ルイ・ドローをはじめとする多くの研究者が、ウロコの痕跡を同定したことが挙げられ、恐竜の生理は、現生の爬虫類と全体的に似ていることが推測された。これらの特性の組み合わせから、恐竜は大きくて、ウロコを持ち、そしてのろまで不活発な動物であるという見方が生まれた。恐竜の習慣は、多くの生物学者は動物園でしか見たことがない、トカゲやヘビ、ワニなどの動物と似ていると仮定された。ただ一つの難問は、ほとんどの恐竜が、既知の爬虫類で最も大きいワニと比較しても、さらに大きかったことである。

当時、多くの一般書や学術書の中では、恐竜は湿地で転び回る、もしくはその大きな体をかろうじて支えているかのようにうずくまると表現されていた。マーシュのステゴサウルスとアパトサウルスのような、とくに印象的な例がいくつかあり、このような概念が強まった。これらの恐竜はどちらも巨大な体と小さな脳を持ち、マーシュでさえステゴサウルスの脳は「クルミの大きさ」だったと考えていた。ステゴサウルスは脳の能力不足を補うため、腰のあたりに、脳のバックアップと体の末端からの情報を制御する「第二の脳」を持つ必要があったと考えられており、それゆえ、確たる疑いもなく「愚か」で「みすぼらしい」恐竜像が確立された。

現生生物との比較研究の結果の重要性から、恐竜に対するこのような認識が何ら疑いを持たれることなく続いていった一方で、これと矛盾する観察は無視されたりごまかされたりした。たとえば、コンプソグナトゥス（図14）のような小さな恐竜の多くは、軽量ですばやく動けるような生物デザインであった。コンプソグナトゥスは、爬虫類より活動レベルが高かったはずである。

当時優勢だった「愚かな恐竜」という意見や、オストロムのデイノニクスに対する解釈と観察結果の理論武装を見れば、オストロムにとってどれほどこの生物が挑戦しがいのある存在だったか容易にわかるだろう。デイノニクスはこれまでの恐竜像に比べて大きな脳を持ち、すばやく動く捕食動物で、後肢を用いて速く走り、獲物を攻撃した。このようなことは、普通の爬虫類には見られないことである。

オストロムの学生の一人であったロバート・バッカーは、恐竜がのろまな動物であるという見解に積極的に挑戦するべく、このテーマを取り上げた。バッカーは、恐竜は現在の哺乳類や鳥類に似ているという、説得力のある証拠があると主張した。これは１８４２年に、オーウェンが最初に恐竜について想像した際の、信じられないほどの先見の明のくり返しであることは忘れてはならない。哺乳類と鳥類は、「温血」すなわち内温性の生理による高い活動レベルを持っている点で「特別」である。現生する内温性動物は、一定の高い体温を維持し、好気的な活動レベルを保持するのに効率的な肺を持つ。体温が一定の高さに保たれることにより、周囲の気温にかかわらず高い活動性を維持することや、高度に発達した大きな脳をもつことが可能になる。これらの特性は、ほかの脊椎動物と、哺乳類・鳥類を区別するものである。

バッカーが用いた証拠の範囲は、現在のわれわれが用いる、さらに少し「こなれた」古生物学的視点から考慮すると興味深い。オストロムによる解剖学的観察結果を用いたバッカーの主張のうち、オーウェンと一致する点は以下のとおりである。

（1）恐竜は哺乳類や鳥類と同じように、柱のような脚が体の真下に伸びており、これはトカゲやワニが体の横に脚が伸びているのとは異なる。

（2）恐竜の中には、鳥類のような複雑な肺を持つものがおり、これは、より効率的に呼吸ができることにつながる。これは高活動性の動物には必要なことである。

（3）脚の構造からすると恐竜は、トカゲやワニと異なり、速く走ることができる。

一方でバッカーは、組織学、病理学と顕微鏡の力を借りて、恐竜の骨の薄片を顕微鏡で観察した。その結果、骨と血漿の間で必須ミネラルを急速に代謝できる複合的な構造と、豊富な血液供給の証拠があったことを報告した。同じ構造は現在の哺乳類でも見られる。

生態学分野に目を向けてみると、バッカーは、化石記録と現在それぞれにおいて、時間平均化した個体群を代表するような化石試料を用いて、捕食者とその獲物の相対的存在量を分析した。現在の内温性動物（ネコ類）と外温性動物（肉食のトカゲ）の個体群を比較した結果、同じ期間において、内温性動物は外温性動物の平均10倍の獲物を消費すると推定した。バッカーは、博物館に収蔵されている化石を数えて調査し、ペルム紀の動物群では、捕食者とその獲物だったと考えられる動物の数が同程度であったと明らかにした。次いで白亜紀の恐竜の動物群を何種類か調査したところ、捕食者に比べて獲物の数が非常に多いと気づいた。第三紀の哺乳類の動物群の調査でも、白亜紀の場合と同じ結論に達した。

これらの明白かつ単純な対案によって、バッカーは、恐竜——少なくとも捕食者の恐竜は、哺乳類により近い代謝機能を持っていたに違いないと示唆した。ある程度のバランスの中に恐竜の個体群が留まるためには、捕食者の食欲を満たすだけの十分な獲物が必要だった。

バッカーはまた、地質学と「新しい」進化古生物学分野で、化石記録が示す大進化の証拠——多量の化石中に見られる、大規模な変化のパターンを探した。そして彼は、想定される恐竜の生理に影響を及ぼした証拠がないか、恐竜の出現と絶滅の時期を研究した。恐竜が出現した三畳紀後期（2億2500万年前）には、最も哺乳類に近い動物もだいぶ進化しており、最初の（真の）哺乳類が出現したのは約2億年前のことであった。バッカーは、恐竜が成功した集団として進化したのは、たんに、哺乳類よりもほんの少しだけ先に内温性の代謝を発達させたからだと示唆した。彼は、もしそうでなければ、恐竜は、真に内温性の生物である最初の哺乳類とは競争すらできなかっただろうと主張した。この考えの補強材料として、彼は最初期の哺乳類は小さく、恐竜が地上の覇者であった中生代には、昆虫や腐肉を食していただろうと述べた。そして白亜紀末に恐竜が絶滅したのを機に、哺乳類は今日われわれが知るように、爆発的に多様化したのだ。この主張に基づき、バッカーは、恐竜は単純な内温性動物であったはずで、そうでなければ、おそらく「優れた」内温性動物である哺乳類が恐竜に代わって、ジュラ紀前期には地上を支配していただろうと考えた。さらに、6500万年前の白亜紀末に恐竜が絶滅したことを考えれば、バッカーは、その頃の化石に、世界的に低温な期間があったことを示唆する証拠があるはずだと信じていた。彼の主張では、恐竜は大きな内温性動物で、体表はウロコで覆われているが、羽毛や体毛がないという意味では「裸」であり、急激な寒冷気候に対応できずに絶滅してしまったとされた。哺乳類と鳥類はその期間を生き延びて、今日も生きている。この大災害をくぐり抜けた今日の爬虫類のように穴に潜むには、あまりにも恐竜は大きくなりすぎた。

バッカーはこれらの考えを総合して、恐竜が鈍く、のろまであるわけがなく、知的で高い活動性をもった動物であり、中生代の1億6000万年の間にわたって、本来優性である哺乳類から地球の覇権を握っていたと主張した。また、優れた哺乳類の出現によって地上を追われたというよりも、6500万年前の気まぐれな気候変動によって、恐竜の優勢はなくなったのだと考えた。

研究すべき課題が、古生物学を超えて広範な科学領域にわたることは、いまや明らかに思える。「専門家」はもはや、自身が専門とする狭い分野の特殊な知識だけに頼っていることはできない。しかし、物語のこの一節はこれで終わりではない。オストロムはこの伝説でもう一つ、重要な役割を演じるのである。

オストロムと始祖鳥：最初の鳥類

デイノニクスの記載を終えたオストロムは、恐竜の生物学的な特性を明らかにする研究を続けていた。1970年代初頭のドイツの博物館での些細な発見が、ふたたび彼を熱い議題の中心に引き戻した。飛行性爬虫類のコレクションを調査している中で、オストロムは、バイエルン地方で採集された一つの標本に気づいた。それはそのラベルが示すような飛行性爬虫類の一種、翼竜に属するものではなかった。脚の部分にはもも、ひざ、すねがあり、その詳細な解剖学的形態はデイノニクスを思い出させた。さらに詳細に観察した結果、彼は、羽毛の細かい痕跡もその化石に見つけることができたのだ！　それは、伝説的な初期の鳥類、始祖鳥（図13）

の、新しい標本であることは明らかだった。この新発見による興奮と、デイノニクスに似ている特徴があるという疑問から、オストロムは注意深く、既知の始祖鳥の標本すべてを再調査した。

オストロムは、始祖鳥を研究すればするほど、この動物とより巨大な肉食恐竜デイノニクスの間にある解剖学的な共通性をますます確信するようになった（図16）。オストロムは、鳥類学者で解剖学者であるゲルハルト・ハイルマンが1926年に著した、鳥類の起源に関する記念碑的な研究を見直すようになった。肉食の獣脚類恐竜と初期鳥類の間に、あまりにも多くの解剖学的共通性が見られるため、オストロムは「類似はたんに進化的な収斂《しゅうれん》によるもの」というハイルマンの結論に対して疑問を抱いた。

その当時、世界中で発見されていた恐竜化石に基づき、オストロムは多くの恐竜が鳥類と同じような「叉骨《さこつ》」を持っていたことを示し、ハイルマンの考えを退けた（図17）。これにより、鳥類の祖先が恐竜であるという考えを妨げるものはなくなった。この発見と、始祖鳥と獣脚類の詳細な観察によって、オストロムは1970年代初頭に出版した一連の論文内で、ハイルマンの理論に対しての包括的な反証をはじめた。この論文によって、獣脚類恐竜が鳥類の祖先であるという理解が、多くの古生物学者たちの間に徐々に広まっていった。そしてそれは、ハクスレーの先見性とオーウェンの深い洞察を確かに受け継ぐものであった。

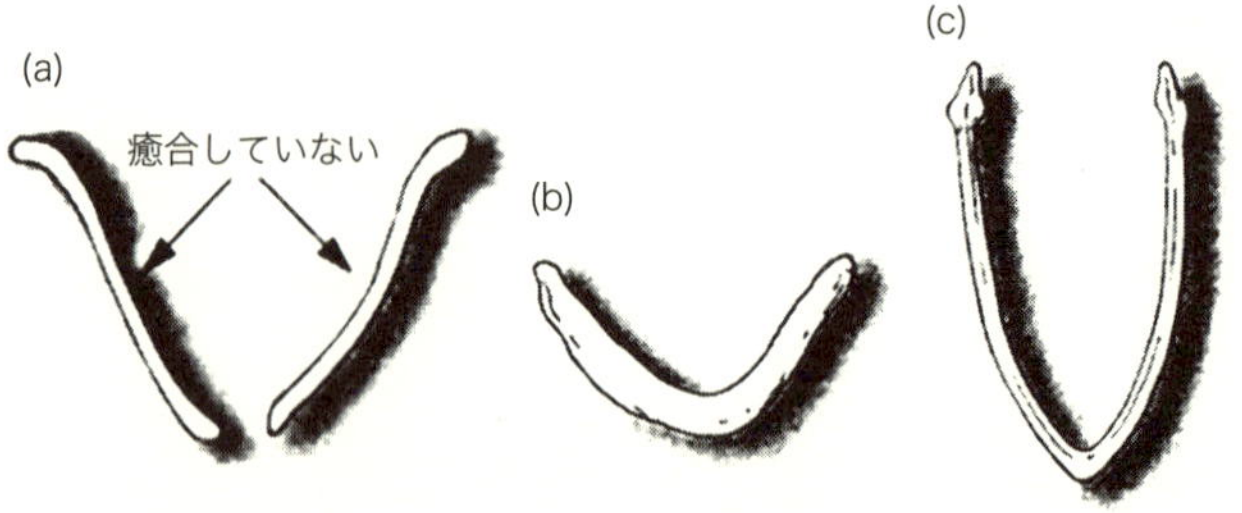

図17　叉骨の比較．(a) 初期の獣脚類．(b) 始祖鳥（鎖骨が癒合しており「叉骨」となっている）．(c) 現生鳥類．

獣脚類と初期鳥類の間の、解剖学的（それゆえ生物学的）に密接な類似性は、恐竜の代謝機能に関する論争に油を注いだ。鳥類は高い活動性を持つ内温性動物であるため、類似する獣脚類恐竜も、高い代謝機能を持っていたかもしれない。羽毛を持つ鳥類は特有の解剖学と生物学を持ち、鳥綱として、ほかの脊椎動物から明確に区別される。しかし、この発見により鳥綱と爬虫綱の典型的な仲間（恐竜は絶滅しているが、爬虫綱の一員である）とを区別する、かつて明確だった境界線が曖昧になってしまったのだ。近年、この曖昧さはますます顕著になってきている（6章）。

（訳注8）片方のみが固定されている梁。

第3章
イグアノドンの新視点

1960年代の進化古生物学の復興と、ジョン・オストロムの重要な研究によってもたらされた恐竜の本質的な新見解により、研究者たちは、最初期の発見の再調査に駆り立てられていった。

ベルニサールで発見されたイグアノドンについて、ルイ・ドローは彼の記載の中で、高さ5メートル、全長11メートルの、カンガルーに似た大きな動物像を描いていた。

力強い後肢と太い尾がバランスをとるのに役立った……（そして）植物食だった……長い舌を使って葉を巻き取っており、それをクチバシでつまみ、口の中に押し込んだ。

イグアノドンの復元図は、この恐竜が「木の葉を刈り取る動物」であり、これより少し過去に存在した南米の巨大なナマケモノや、現在のキリンのように見えた。事実、ドロー自身はイグアノドンを「キリンのような爬虫類」であるとしていた。しかし驚くべきことに、イグアノドンに対するこの視点は、ほぼすべてが間違っていたり、深刻な誤解を招くようなものだった。

ベルニサール：イグアノドンが滅びた峡谷？

ベルニサールで行われた最初期の研究のいくつかは、もともとの発見状況の異常さに焦点を当てていた。恐竜は地下322～356メートルの深さの炭坑に埋まっていたが（図18）、これは予期されていないことだった。この炭層は古生代のものと知られており、この時代の岩石から恐竜は見つからないからである。さらなる調査の結果、イグアノドンの骨格は炭層からではなく、古い炭層を区切る、白亜紀の頁岩から見つかっていたことがわかる。採鉱地質学者は、これらの粘土がどのぐらい見つかり、それが石炭採掘にどのぐらい影響を及ぼすかに営利的な興味を持っており、この地域の地図をつくりはじめた。

地質調査を続ける中で、炭坑の断面図からは、炭層を含む古生代の岩石の水平層が中生代の頁岩層（とても細かい層状の泥）によって、急角度でところどころ分断されていることがわかった。断面図の第一印象は、まるで古代の岩石で切られた急斜面の峡谷といったもので、ベルニサールの恐竜たちが、なぜそんな深いところで見つかったのかを概念的に示すものだった(図18)。地質学者ではないドローは、これらの恐竜が狭い峡谷で生き、その後死んだという考えに傾倒していった。それに加えて、イグアノドンは巨大な肉食恐竜(メガロサウルス類)に峡谷に追いつめられた、あるいは、森林火災のような災害で峡谷へ落ちていったというアイデアが加わり、物語はさらに劇的に、インパクトのあるものに脚色された。これは、まったくの希望的観測でもなかった。巨大な肉食恐竜の断片的な化石がイグアノドンの埋まっている層から見つかっており、恐竜が埋まっている層と、炭層の間の礫層のような堆積物から炭状の塊が見つかっていたのだ。

ベルニサールの発見は、1870〜1880年代初頭に多くの論理的な試みをもたらした。全長11メートルになる恐竜の完全な骨格は、深い炭鉱の底から発見され、当時、それらは世界的な注目を集めたが、実際にはこの恐竜はどのように発掘され、研究されたのだろうか?

ベルギー政府の支援を受けて、ブリュッセルの王立自然史博物館の研究者や技術者と、ベルニサールの炭坑採掘者や技術者の間での共同事業が計画された。それぞれの骨格は注意深く発掘され、炭層中の姿勢が体系的に図に記録されていった。すべての骨格は1メートル四方の扱いやすいブロックに分けられた。ブロックは石膏のカバーで覆われた後、地上に運ばれ、ブリ

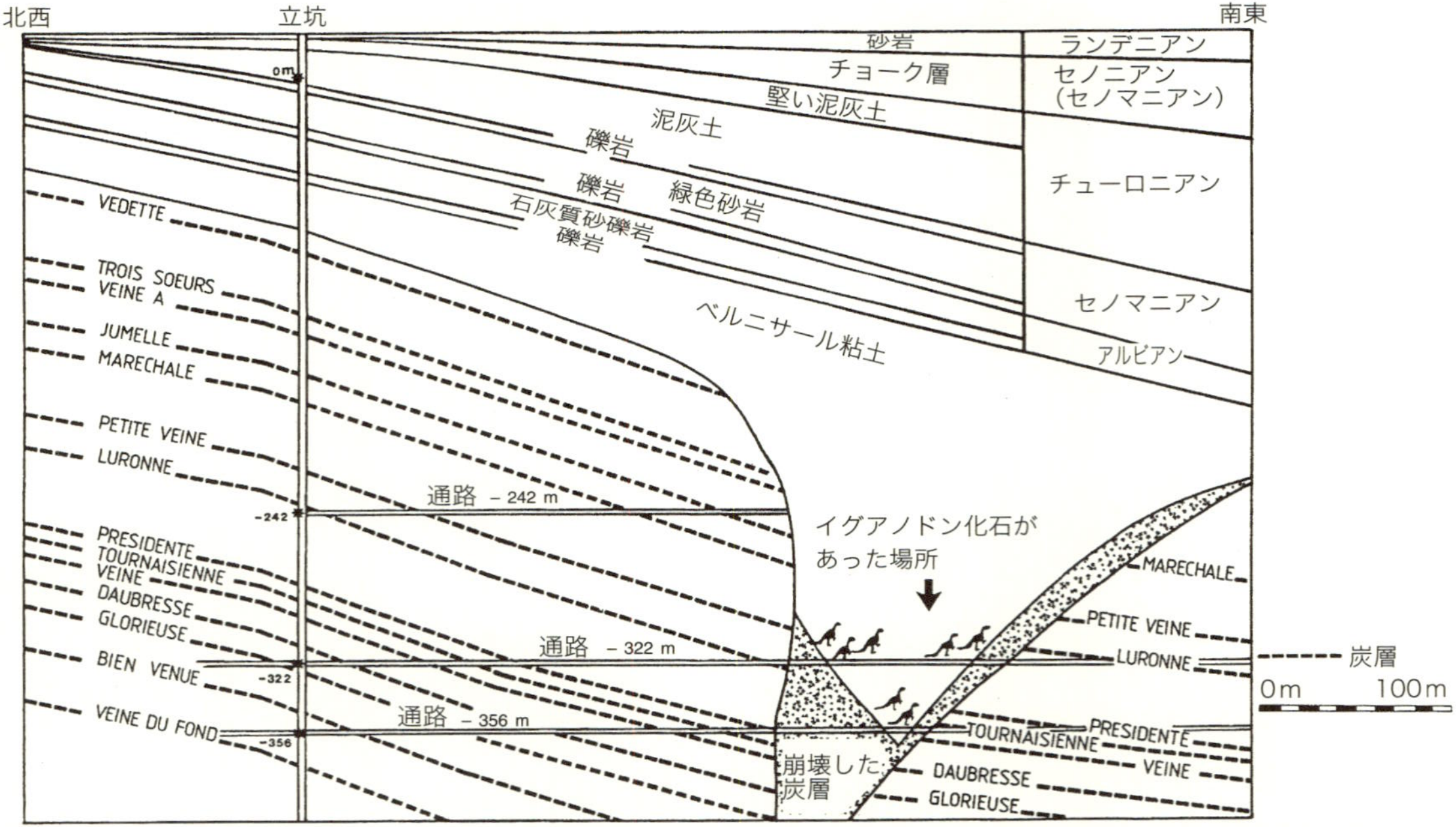
北西
立坑
南東
砂岩
チョーク層
堅い泥灰土
泥灰土
礫岩
礫岩
緑色砂岩
石灰質砂礫岩
礫岩
ベルニサール粘土
ランデニアン
セノニアン
(セノマニアン)
チューロニアン
セノマニアン
アルビアン
0m
VEDETTE
TROIS SOEURS
VEINE A
JUMELLE
MARECHALE
PETITE VEINE
LURONNE
-242
通路 – 242 m
PRESIDENTE
TOURNAISIENNE
VEINE
DAUBRESSE
GLORIEUSE
BIEN VENUE
-322
通路 – 322 m
VEINE DU FOND
-356
通路 – 356 m
イグアノドン化石が
あった場所
崩壊した
炭層
MARECHALE
PETITE VEINE
LURONNE
PRESIDENTE
TOURNAISIENNE
VEINE
DAUBRESSE
GLORIEUSE
炭層
0m
100m

図18 ベルニサール炭坑の地質学的断面図

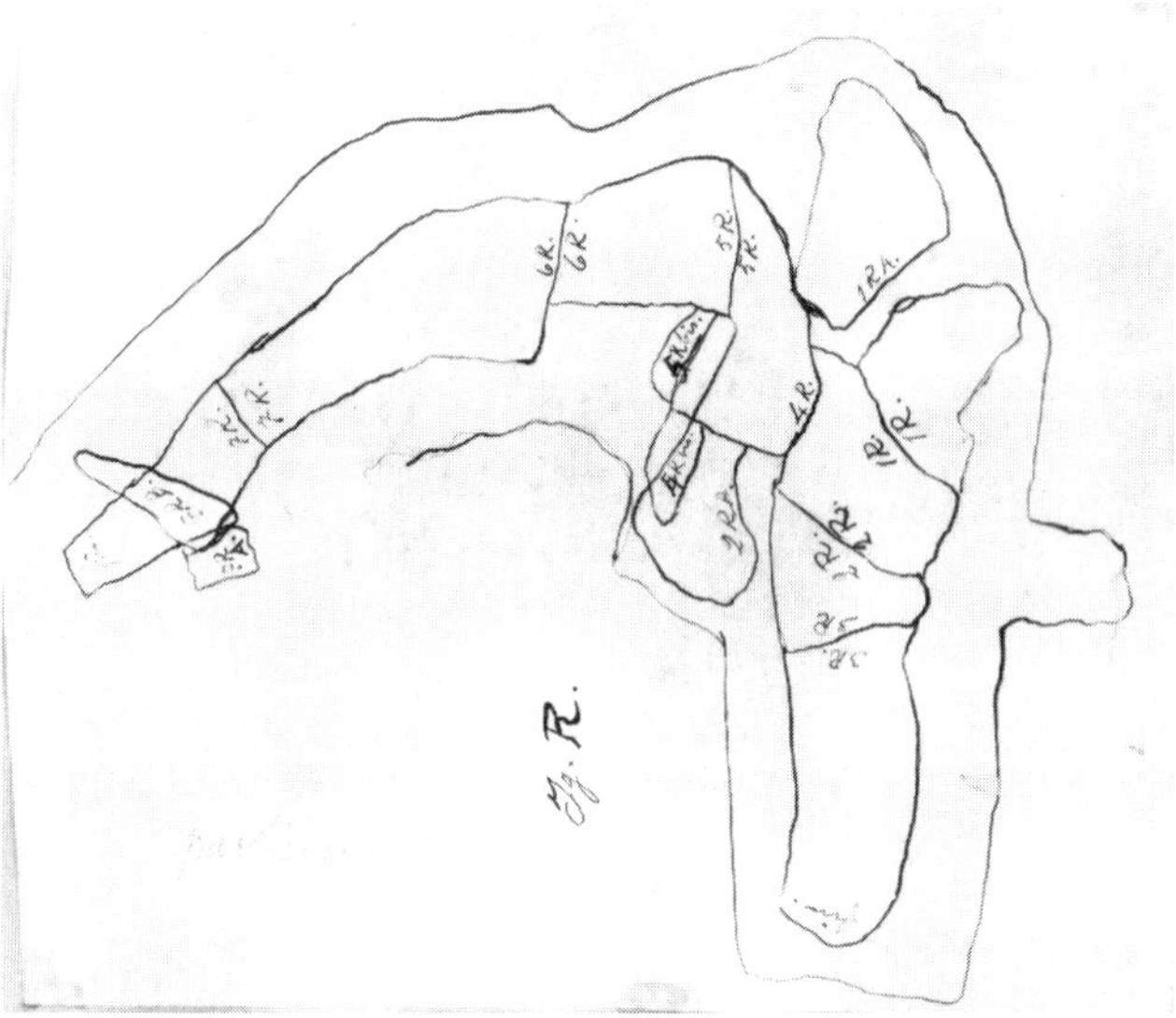

図19　ベルニサールから発掘されたイグアノドン骨格の平面略図.

ュッセルへ移動する前に注意深く図面に記録された（図19）。

ブリュッセルに着くと、発掘現場での記録をもとに、ブロックを巨大なジグソーパズルのように並べ替えて再現した。ブロックに埋まっている骨をあらわにするために、石膏を丹念に削り取っていった。この段階で、このプロジェクトのため特別に雇われていた画家のギュスターブ・ラヴァレットによって、さらなるクリーニング作業の前に、死んだ姿勢の骨格図が記載された（図20）。いくつかの骨格は頁岩中から完全に掘り出され、ブリュッセルのレオポルド公園にある王立自然史研究所（前

図20　ラヴァレットによる，図19のイグアノドン骨格のスケッチ．

出の王立自然史博物館より改称）で今日も見ることができる、驚異的な展示となった。ほかの骨格は、一面だけがクリーニングされ、石膏でつつまれた化石を支える木製の足場の上に、埋まっていた姿勢がわかるように設置された。この展示は、ベルニサールの炭鉱でイグアノドンが最初に見つかったときに埋まっていた位置を再現している。

この研究所には、発掘の当初計画、発見の際のスケッチ、いくつかの大まかな地質断面図が保管されている。今日でも、恐竜が埋まっていたサイトの地質学的特徴をつかむ手がかりとして、この情報は利用されている。

ベルニサールの村にあるモンス盆地の石炭鉱の地質は、恐竜が発見される前から研究対象だった。1870年の主要な再調査で、モンス盆地の石炭を産出する層は、「クラン」（cran：自然に形成される地中の穴）によって、至るところに凹みがある状態だと指摘されていた。これらは古生代の岩石が、地下深部で分解したことによって形成されたと結論されていた。分解により生じた空洞は、重なっていく岩石の重みで周期的に崩壊し、そのたびに、隙間にその上の層から落ちてきた柔らかな泥と頁岩が満ちた。このような堆積物の崩壊は、地元のモンス地域では、地震様のただならぬ衝撃として記録されている。偶然にも、1878年8月、このタイプの小さな「地震」が、恐竜の発掘が行われているベルニサールでも起こった。地下で発生したこの小さな災害では、同時に洪水が起こったことも記録されているが、水が汲み出された後、石炭工と研究者たちは仕事をすぐに再開した。

ブリュッセルの博物館の研究者たちは、その地域の地質学の知識を十分に持っているにもかかわらず、奇妙なことにベルニサールの「クラン」の地質学的特徴を間違えて解釈していた。炭坑技術者たちは恐竜が産出した通路から、大まかな地質断面図をつくっていた。その図からは、たとえば、地下322メートルの通路を進んでいくと、夾炭層（炭層をはさんでいる地層）を越えてすぐに、角礫岩（角ばった礫を含む岩）の10〜11メートルの層が、急傾斜だが層状になった化石を含む頁岩（ベルニサール粘土）の前にあることがわかる。角礫岩の層は、シルトや泥が混じった石炭と石灰岩の不定形な塊を含む層で、図18では「崩壊した炭層」と示した。この化石が産出する層から通路をさらに進むと、今度は逆向きに傾斜した角礫岩層のエリアに入って、そして最後にもう一度炭層に入っていく。この地質学的対称性を考えると、この場所で「クラン」が生成したのち、上を覆っている堆積物が大きな空間に落ちてきた、と考えるのが適当だったはずだ。

恐竜が埋まっている堆積層もまた、峡谷や谷であったという解釈と、真っ向から矛盾していた。化石を含んでいる細かい層状の頁岩は通常、比較的浅い海や潟、大きな湖のような低エネルギーの環境で形成される。峡谷に突っ込んでいくような動物の群れがいたという、破滅的な死の証拠はそこにはない。事実、恐竜の骨格は異なる堆積層から見つかっており、魚、ワニ、カメや何千という葉の痕跡の化石、ごくまれであるが昆虫の部分的な化石も一緒に見つかっている。これは、すべての恐竜が同じタイミングで死んだのではないこと、すなわち、決して一つの恐竜の群れではないことも示している。

炭鉱中の化石の向きに関する研究からは、恐竜の死骸の方向はそれぞれ異なっていたことが明らかになった。これは、恐竜がそれぞれ異なる時期に、埋没した場所に流れ着いたことを示唆する。それは、死骸を運んできた川の流れの方向が、時間によって変化したということかもしれない。現在でも、ゆるやかな流れの大きな河川系では実際に起こっている。

以上のことから、1870年代の初頭には、ベルニサールで見つかった恐竜たちは「峡谷」や「川の谷」で死んだのではないことがはっきりと理解された。しかし、その発見の状況から想像される、ベルニサールの恐竜たちが劇的な最期をとげたというシナリオは魅惑的であり、当時の科学的根拠によって真っ向から否定されたにもかかわらず、このような空想は無批判に採用されたのだ。

当時、イグアノドンが巨大なカンガルーのような格好をした動物だったというイメージは、世界中の博物館に広まった実物大骨格レプリカによって揺るぎないものとなった。しかし、これらの復元のイメージは、さらなる研究に耐えることができる説なのだろうか？

尾の「ねじれ」

骨格の証拠を基本原則から再検討してみると、ベルニサールの骨格の解剖学には、釈然としない特徴がいくつかあった。最も明らかな懸念の一つは、イグアノドンの太い尾である。よく知られている復元では、この動物は、尾と後肢の三脚を地につけた、カンガルーのような姿勢だったとしている（図12）。この姿勢をとるには、尾は腰から上向きにカーブしなくてはいけない。しかしそれとは異なり、イグアノドンに関する記録と化石証拠はすべて、イグアノドンが通常、尾をまっすぐにしていたか、あるいは少し下向きに曲げていたことを示している。これは、ブリュッセルの博物館に展示されている石膏のカバー上に配置された標本や、前出のすばらしい鉛筆画の骨格図からも見てとれる（図20）。もちろん、この形状がたんに保存状態による影響だと主張することもできる。しかしその説明には明確な妥当性がない。図20に見られるように、背骨には長い骨性の腱が格子のように配置されている。腱が背骨を両側から「縛りつける」ために、背骨は意図的にまっすぐな状態に固定される。結果として、腰を中心にして、筋肉質で重い尾と上半身の重さとを、片持ち梁のようにバランスをとっていたのである。この動物の生活からすれば、ドローの復元のような上向きの尾を持つことは物理的に不可能だったというのが真実である。当時の復元骨格を注意深く観察すると、尾が上向きに曲がった部分で壊れていた——この場合は、少し熱心にドローの復元図に合わせすぎたのかもしれない。

この発見によって、尾以外の残りの骨格がどのような姿勢をとっていたのかという議論が巻き起こった。まっすぐな尾が「自然」な形なのであれば、体の傾斜は大幅に変化し、背骨はより水平になり、腰でバランスをとるようになる。その結果として、胸部は低くなり、前肢は地面に近くなるはずで、必然的に前肢の機能についての疑問も浮かび上がってきた。

手か、足か？

イグアノドンの手は、恐竜にまつわる伝説の一つとなっている。本来、イグアノドンの親指にあるべき円錐状のスパイクは、発見当初はサイの角のようなものとして鼻の位置につけられていた（図9）。ロンドンのクリスタルパレスに展示された巨大なコンクリート模型でも同様につくられたことによって、それが定説となってしまったのだ（図2）——この説は1882年に、スパイクがイグアノドンの手にあるという、誰もが納得するような復元をドローが示すまで覆らなかった。しかし、イグアノドンの手と前肢には、さらに驚くべきことがあった。

親指（第一指）は円錐状の大きな爪に覆われ、手のほかの指に対して垂直についており、ほとんど動かせない（図21 a）。それに対し、第二〜第四指は、第一指とは非常に異なった配置となっている。三つの長い骨（中手骨）が手のひらを形成し、それらは強力な靱帯によってきつく結びつけられている。これらの中手骨の先に関節する指は、太く短く、先端は平らでとがっておらず、蹄のようになっている。前肢の骨の可動域を調べるために動かしてみると、指がそれぞれ外側へ離れて扇形に開いた。このことから、イグアノドンにできると従来考えられていたこと——握りこぶしをつくることや、たんに握ることも、じつはできないとわかった。この特徴的な配置は、この動物の足に見られたものと似ている。足は中央の三本指に平らな蹄があり、扇形に離れ、それぞれ同じような形と関節をしている。手の第五指はほかと異なり、四

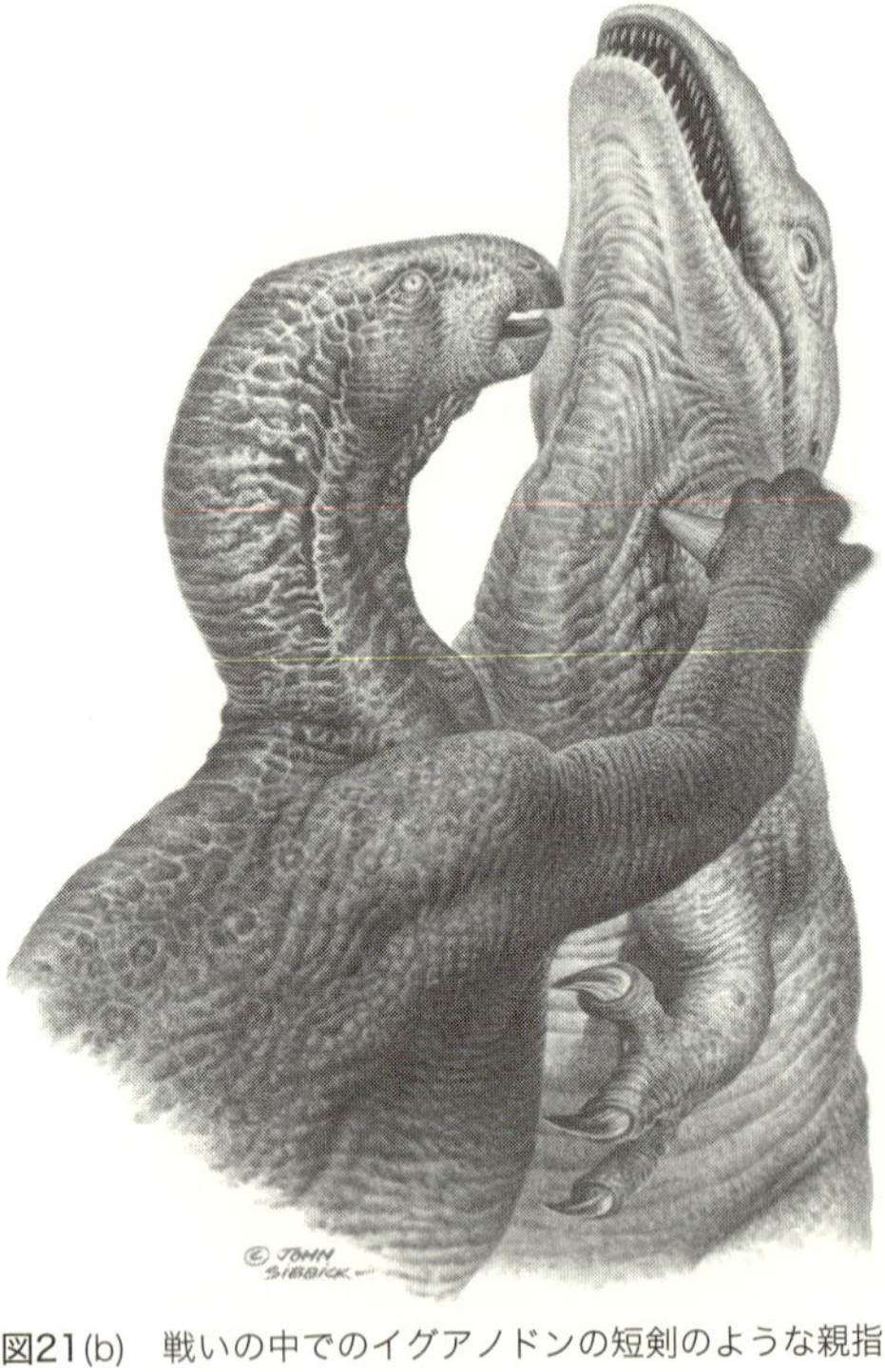

図21(b)　戦いの中でのイグアノドンの短剣のような親指.

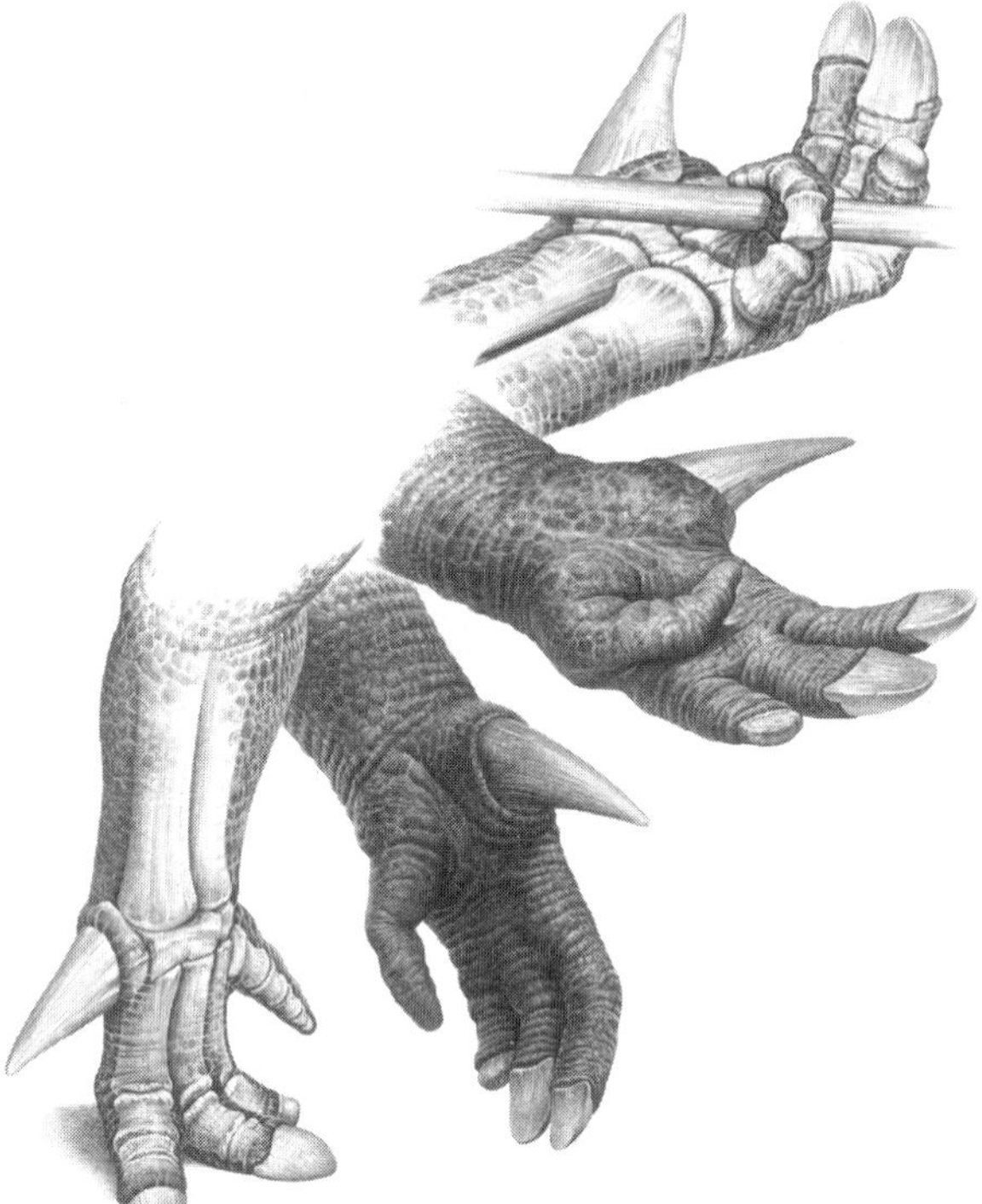

図21(a)　イグアノドンの手と，その使い方の復元.

本の指と離れて広い角度でついている。第五指は長く、関節ごとに広範囲に動くことから、非常に柔軟だったと考えられている。

私はこの再調査から、当初の考えを大幅に変更し、イグアノドンの手が動物界でもこのうえなく特有なものであると結論した。親指は防御用の短剣のような武器として用いられ（図21b）、中央の3本の指は、普通の指のように握るのではなく、重さを支えるのに用いており、一方の第五指は握ったりつかんだりしやすいよう、長く柔軟になっている（図21a）。

近年提唱されている、歩く際に手を足のように用いていた（少なくとも、体重を支えるのには用いていた）という革新的な考えは、はたして本当だろうか？　私は、このような新説を確かめる証拠を示すため、腕と肩についてさらなる研究を行った。

まず、手首から興味深い事実がわかった。普通、手首の骨は、前腕に対して手首を回転できるように、たがいにスライドするような、滑らかで丸い骨の列でできている。それに対してイグアノドンの手首の骨はたがいに接合し、骨の塊を形成していた。手首の骨はすべて骨性のセメント質で固く結びつき、外側も骨性の靭帯によってさらに強くつながっていた。これは、本当に手が足のように機能したのであれば必要なことである。なぜなら、体重によって前肢にかかる力に耐えるため、手首が強く固定される必要があるからだ。

腕の骨の残りの部分については、普通なら柔軟性があるところだが、イグアノドンでは第一に体重を支えられるよう、非常に頑丈になっていた。手を地面につけて生活するためには、前脚が丈夫であることが重要である。これらのことから、指を外側に、手のひらを内側に向けて地面につけるという、まるで手を足に変えてしまったかのような、めずらしい結論が得られる。このような手をついた不格好な姿勢は、この恐竜の足跡の研究から確かめられている。

支柱のように太い上腕骨には、腕と肩に巨大な筋肉が付着していた証拠が見られる。また、上腕骨は異常に長く、後肢の長さの約3分の1を超えていた。腕の本当の長さは、オリジナルの骨格復元では少々隠れてしまっていた。つまり、胸に対して折り曲げられており、本当の長さよりも短く見えたのである。

そして肩の骨は大きく、腕が足として機能するうえで完璧なつくりをしている。さらに肩は、想像もできないような特徴も示していた。ベルニサールのイグアノドンの大きな個体では、胸部の中心に、両肩の間にある胸の軟組織を横切る異常な骨があった。この骨は病理学的なもので、この動物が四本足で歩いていた結果、その負担によって胸部に形成されたものである（胸骨間が骨化したものである）。

これらの観察に照らして、イグアノドンの姿勢を再検討すると、背骨は水平で、体重のバランスは腰の位置で保たれ、太く強い後肢がそれを支えているのが普通の姿勢であることが明らかなように見える。背骨に沿って体重が分配されるように、胸から尾にかけての背骨の上にの

図22　イグアノドンの新復元.

びた神経弓に骨性の腱が張られている。この姿勢では前肢が地面につくことになり、止まっている際は体重を支えるのに前肢が使われていたことを示す。イグアノドンは、少なくとも一時的には、四本足でゆっくり動くこともあっただろう(図22)。

体のサイズと性差の関係

ベルニサールでの発見は、イグアノドンには2種類あることを示した。一つはイグアノドン・ベルニサルテンシス(*Iguanodon bernissartensis*：「ベルニサールのイグアノドン」の意)——大きく頑丈なタイプで、35個体以上が当てはまる。もう一つはイグアノドン・アザーフイールデンシス（*Iguanodon atherfieldensis*：以前はイグアノドン・マンテリ［*I. mantelli*］、「マンテルのイグアノドン」とよばれていた）――全長およそ6メートルと、前者に比べて小さく華奢なタイプで、こちらはわずか2個体が見つかっているのみであった。

これらの標本は、ルーマニア・トランシルバニア地方出身の古生物学者であるフランシス・バロン・ノプシャが1920年代に再検討するまで、別々の種であると考えられていた。ほぼ同じ場所、同じ時代に、二つの酷似した恐竜が発見されていることから、ノプシャは同じ種のオスとメスなのではないだろうか、という単純な疑問を抱いた。ノプシャはたくさんの化石種にあたり、性差について調査した。ベルニサールのイグアノドンの場合、数少ない小さい種の方がオスで、たくさん見つかった大きい種の方がメスであると、ノプシャは結論した。彼は、爬虫類の観察から、メスがオスよりも大きい場合が多いのに気づいていた。生物学的な理由もある。メスは厚い殻を持った卵をたくさん産むので、産卵するためには体が大きくなくてはいけないのだ。

これはきわめて合理的な推測に見える一方で、科学的に証明するのは非常に難しいのも事実である。爬虫類の大きさは種によって驚くほど幅があり、性差による体サイズの違いは、ノプシャが言うほどには一般的な特徴ではなかった。大きさを別とすると、現生爬虫類の性差を決定する方法は、性器自体を見つけることや、皮膚の色や行動を調べることが最も一般的である。非常に残念なことに、このような特徴は化石ではほとんどわからない。

最も有力な証拠となる、イグアノドンの性器のような軟体部の解剖学的な証拠が見つかることは、残念ながらほとんどないと言ってよい。そして、彼らの本当の生態や行動を決して知ることができない以上は、いくらか用心深く、現実的に検討しなくてはいけない。ここでは、個体間の大きさの違いを記録しておくに留めることが安全であり（疑念はあるかもしれないが）、ただそっとしておくほうがよい。

ベルニサールから見つかった大きなイグアノドンを詳細に研究することにより、いくつかの個体が平均よりも小さいことがわかった。これらの骨格の形状や比率を計測したところ、成長段階による予期せぬ違いが明らかになった。小さい個体（おそらく未成熟個体）は、想定よりも腕が短かったのである。短い腕の未成熟個体は二足走行に適していたと思われ、一方、成体では体の大きさや体長から、より四足歩行に順応するようになっていたと思われる。これはまた、小さく若い個体と比較して、四足歩行をする大きな個体（おそらく成体）だけ胸骨間が骨化していることとも一致する。

軟組織

化石生物で軟組織が保存されていることはきわめてまれであり、特別な環境下でなければ起

図23　イグアノドンの皮膚痕の化石.

こりにくい。そのため古生物学者は、恐竜の軟組織に関する手がかりを、直接的にも間接的にも判読する技術を開発した。

ルイ・ドローは、イグアノドンの骨格の一部に、皮膚の痕跡がある小さな断片があったことを報告した。ベルニサールで見つかった大量の骨格は、死後硬直の際に首の筋肉が強く収縮することにより、頭が上後ろ向きに反り返る、いわゆる「死の姿勢」を示していた。動物の死骸は、その死後に地中に埋没するまでの間に、硬直・乾燥していき、この姿勢に固定される。埋まっていく中で、羊皮紙のような頑丈な皮膚に対して、きめ細かい泥が鋳型のようにぴったりとつき、堅い表面をつくる。堆積物が、表面の形を保持できるほど十分圧縮されていれば、恐竜の有機組織が腐敗し分解する前に、皮膚の表面構造の痕跡が、泥でできた鋳型として堆積物中に保存されるだろう。

皮膚痕の化石の構造から、イグアノドンは予想されたとおり細かいウロコで覆われており、現生のトカゲの皮膚によく似ていたことが示された（図23）。本来の皮膚の組織がすでにないということは、皮膚の色素の痕跡も失われてしまい、生きていた時の体色はわからないことを意味する。

骨格の記載のためになされた詳細な研究は、ほかにも腰や肩、頭のような、体の部分の筋配置に関する考察にも用いることができる。なぜなら、骨の表面には筋肉や腱の付着部位の跡があるからである。骨表面には、盛り上がった稜や、特徴的な筋肉痕のような、明確な痕跡がしばしば形成される。骨格は塑性材料である。成長とともに骨の形は変化し、もし骨折のような外傷を受けた場合には修復もされる。体が完全に成長しきっても、骨は負荷や荷重に応じて再生を続けている。たとえば、ウェイトトレーニングを行うと、骨はその負荷に対応するために太くなり、トレーニング時間が長くなればなるほど太くなっていく。

体の中でも、とくに大きな筋肉が骨格に対して力を働かせる部位は、骨の表面が特徴的な形状をしている。それは化石であっても同様であるため、おおざっぱながらも筋復元が可能である（図24）。このような筋復元は、まず類似した現生動物の筋配置に基づいて復元した後、研究する化石種に見られる、解剖学的に目新しい点や違いを反映して調整していく。

科学的な理想からは離れることになるが、イグアノドンの筋肉を理解する手段の一つとし

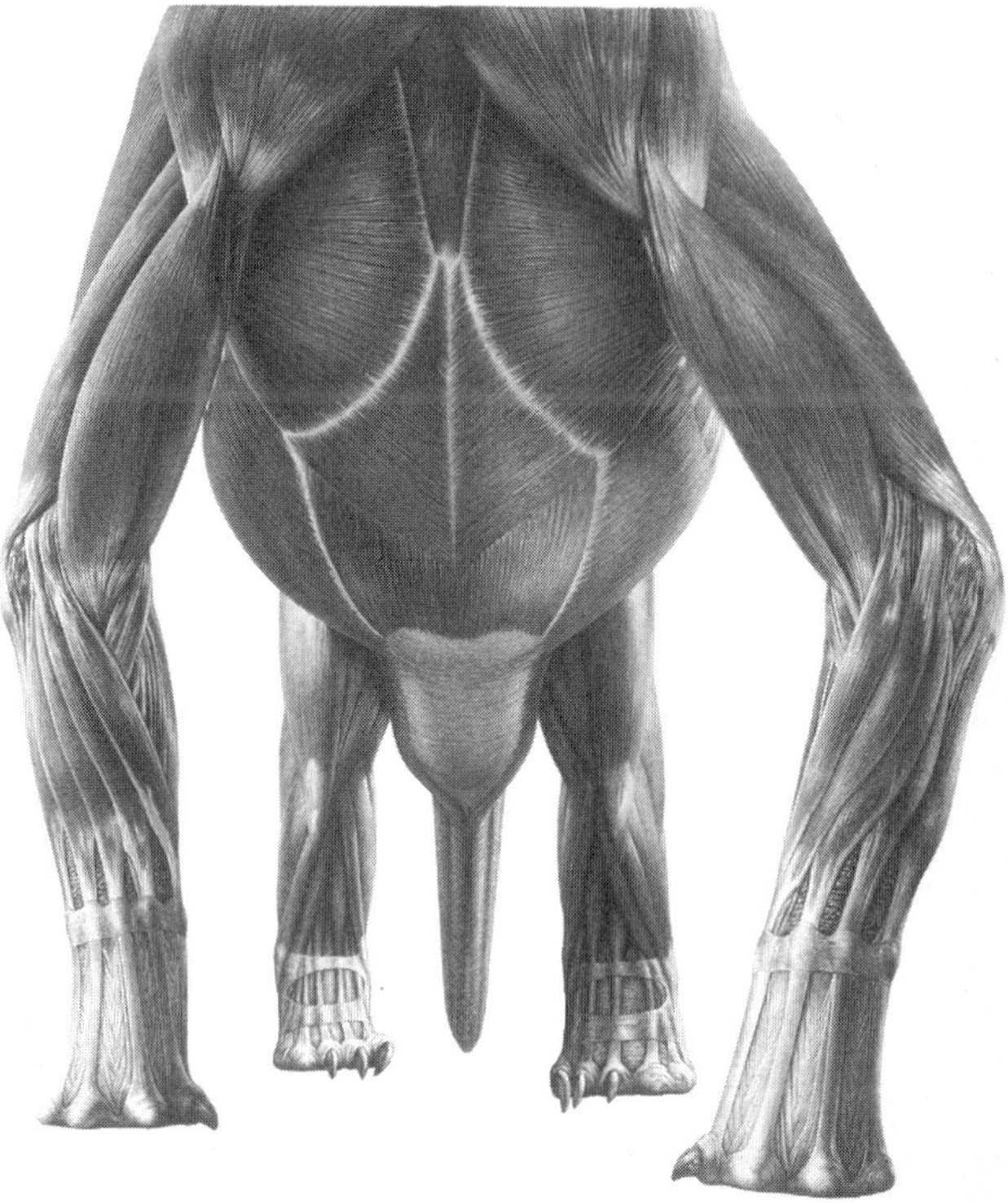

図24　恐竜の筋の復元.

て、鳥やワニなど恐竜に近い現生生物の情報をまず利用する方法がある。正確には、イグアノドンの解剖学的特徴は、鳥やワニとは明らかに異なる。鳥類は飛ぶために特化していて、歯はなく、腰や後肢の筋肉も特殊化し、尾も非常に小さい。ワニは形態的には伝統的な爬虫類だが、水中での捕食に適応している。このような大きな違いがあるにもかかわらず、現生生物の情報は「現生系統群囲みによるアプローチ（EPB：extant phylogenetic brancket)」という解析手法のもととなっており、実際にイグアノドンの詳細な解剖学的特徴が復元されている。

この手法では、骨格や頭骨に関する全体的な物理デザイン（骨の形状や配置など）や、それらが筋肉の分布や機能に与える影響といった、さまざまな情報が得られる。このような復元はまた、移動様式の要因を構成するため必要である。たとえば、四肢骨の関節の詳細を調べることは、関節の可動域から推測される四肢の動きの幅や、姿勢に関する基本的なメカニズムを検討することにつながる。また、恐竜の足跡化石が、生きていた当時にどのように動いていたかを示す、直接的な証拠として残っている場合もある。

現生系統群囲みによるアプローチ

恐竜に近縁な種の系統樹をつくると、最も初期の恐竜よりも「前に」ワニが分岐し、鳥類が「その後に」分岐する。それゆえ、恐竜は進化的には現生のワニと鳥類の間にはさまれることになる。
現生のワニと鳥類に共通する骨学的な特徴は、恐竜にもあると考えられるべきである。なぜなら、恐竜はこれら2種類の生物に「はさまれている」からである。この手法はしばしば、生理的な証拠が残っていない絶滅種のグループの生物学的特徴を、演繹的に求めるために用いられる。しかし、たとえば恐竜のように特殊な動物を、現生のワニや鳥類と比較する際には、注意深く使わなくてはならない。

私が大英自然史博物館で、コレクションに含まれる多数のイグアノドンの化石断片を調査していたとき、特徴的な標本が目に留まった。それは、大きな頭骨の一部の、壊れた残骸からなっていた。上顎の歯から、この標本がイグアノドンのものであることは確かめられたが、解剖学的研究には利用できないものだった。そこで私は、もし内部の骨学的特徴が保存されていたら観察できると考え、この標本を切ってみることにした。すると、そこには想像を超える興味と刺激があった。骨自体の保存状態はよくなかったが、頭骨の中の空間はすべて軟らかく細かい泥で満たされていた。この泥は、何千万年もの年月により、セメントのように固まっていた。泥岩は完全に石化して崩れないようになっていた一方で、無機物を含む地下水が岩石をしみ通ることができなかったため、頭骨は鉱物化していなかった。その結果、頭骨は比較的軟らかく、砕けやすい状態になっていた。

この独特の保存状態の標本によって、頭骨内部の解剖学的知見を調査する貴重な機会が得られた。固い泥岩に比べてもろくなった頭骨を注意深く取り除くと、まるで泥岩を鋳型に流し込んだように、頭骨内部の空間の形が明らかとなったのだ（図25）。この泥岩から、脳のどの位置に空洞があったかについてや、内耳の構造、血管や神経の脳からの通り道などが明らかになった。イグアノドンは約1億3000万年前に死んでいるが、その軟組織の解剖学的知見を復元することは可能なようにはっきり思えた。

イグアノドンの脳

イグアノドンの脳函の構造からは、前方に大きな嗅葉があり、嗅覚が発達していたことがわかる。また、大きな視神経が脳から大きな眼窩に抜けており、眼がよかったこともうかがえる。発達した大脳皮質は、イグアノドンが活発で、よく制御された動物だったことを示唆する。内耳には、平衡感覚

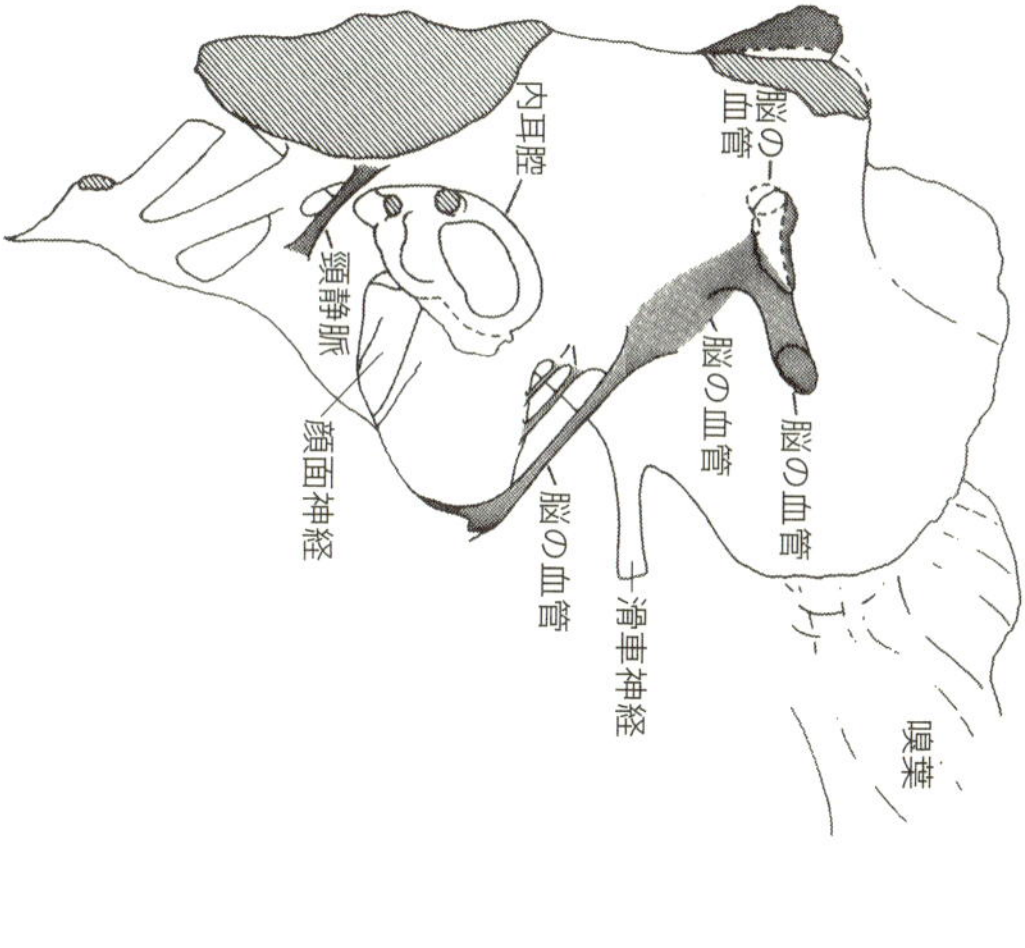

図25 （左）イグアノドンの脳函を斜めから見た図.（右）脳のスケッチ．耳や神経，血管や嗅葉などがわかる．

を司る三半規管と、聴覚系の一部分を担う指のような構造がある。脳室の下部にある鞘のような構造体の中に脳下垂体があり、ここで代謝やホルモン機能の調整がされていたのだろう。鋳型の下部を見ると、両側に大きなトンネルが開いている。これは頭蓋骨まで(この研究では削り取られているが)突き抜けており、12個の脳神経の通路の役割を果たすものである。このほかにも小さな穴がいくつか開いているが、それは一組の血管——心臓からの血液を脳に運ぶ頸動脈と、首を下って血液を排出する頸静脈を通すための穴である。

イグアノドンの食餌への適応

イグアノドンの化石で最初に同定されたのは歯で、その特徴は、紛れもなくこの生物が植物食であることを示している。イグアノドンの歯はのみ状の形をしており、植物を飲み込む前に口の中で、この歯が植物をスライスして、つぶすのに使われていたことを示している。

植物を切ってつぶす必要があったことは、(イグアノドンをはじめとする)絶滅した動物の食生活と、その骨格に残る手がかりに関して、考慮すべき重要なことを示唆している。

肉食の動物は、大部分が肉を含む食事をする。生化学的・栄養学的見地からは、肉食は多くの動物にとって、最も単純かつ確実な選択肢である。世界中のほとんどの生物は、何かしらの生物を食べる肉食生物として、大まかには似たような化学反応を行っている。肉を手に入れると、歯を単純なナイフのように使って口でぶつ切りにし（もしくは丸飲みにして）、その後すぐに胃で消化する。肉はそれゆえ、すぐに栄養源となる。この過程は比較的速く、生化学的に効率よく行われ、捨てるところはほとんどない。

植物食の動物は、もっと困難な問題に直面している。植物は動物の肉に比べるととりわけ栄養が少なく、吸収できるところも少ない。植物は、そもそも大量のセルロースからできており、この成分が植物に強さや堅さをもたらしている。この独特の化学成分は、動物たちではまったく消化できないため非常に厄介なのである。単純に、われわれをはじめとした動物の胃腸にはセルロースを分解できるような酵素がないのである。そのため植物のセルロースは、いわゆる食物繊維として消化管を通り抜ける。それでは植物食動物は、そんな実りの少ない食事で、どのように生き残ってきたのだろうか？

植物食動物は、さまざまな特性を身につけることによって、そのような食生活に適応してきた。彼らは、耐摩耗性で長持ちし、複雑かつ粗い面ですりつぶすことのできる歯を持っていた。さらに、力強い顎と筋肉も持ち、この顎で上下の歯の間の植物をすりつぶし、植物の細胞壁内から栄養価のある「細胞液」を取り出した。植物食動物は、あまり栄養価が高くない食物から十分な栄養分を摂取するために、たくさんの量の植物を食べる。そうして取り込んだ多くの植物を溜め込み、時間を十分にかけて消化するためには、大きく複雑な消化管が必要である。そのような消化管を納める場所を確保するために、植物食動物は結果として、大きな樽状の体つきになる傾向になる。また、植物食動物は、腸内の壁にある特殊な小さな袋の中に、多数の微生物を生息させている（われわれヒトの盲腸はその痕跡であり、霊長類の祖先が植物食だったことを暗示している）。この共生関係では、植物食動物は共生している微生物に対し、保護された暖かい環境と一定の食物を提供し、微生物はそのお返しとして、セルラーゼ（セルロースを分解し、宿主動物が吸収できる糖分に変換する酵素）を合成している。

標準的には全長11メートルで体重約3～4トンという、巨大な植物食動物であるイグアノドンは、大量の植物を消費していただろう。この予備知識を考慮に入れると、イグアノドンがどのように食物を摂取していたのかを、詳細に調査することができる。

イグアノドンの食物摂取に関して、古くからあった考えの一つは、長い舌を使って植物を口の中に取り込んでいたというものである。この説は、イグアノドンの下顎の一つについて、はじめてほぼ完全に記載したギデオン・マンテルによって提唱された。イグアノドンの下顎の新しい標本を見ると、先端に歯がなく、水が注げるようなすぼまった形をしていた。マンテルは、この注ぎ口のようにすぼまった形状を用いて、キリンがするように舌をスライドするのではないかと考えた。当時のマンテルには、その下顎の先端がじつは前歯骨によって塞がれてし

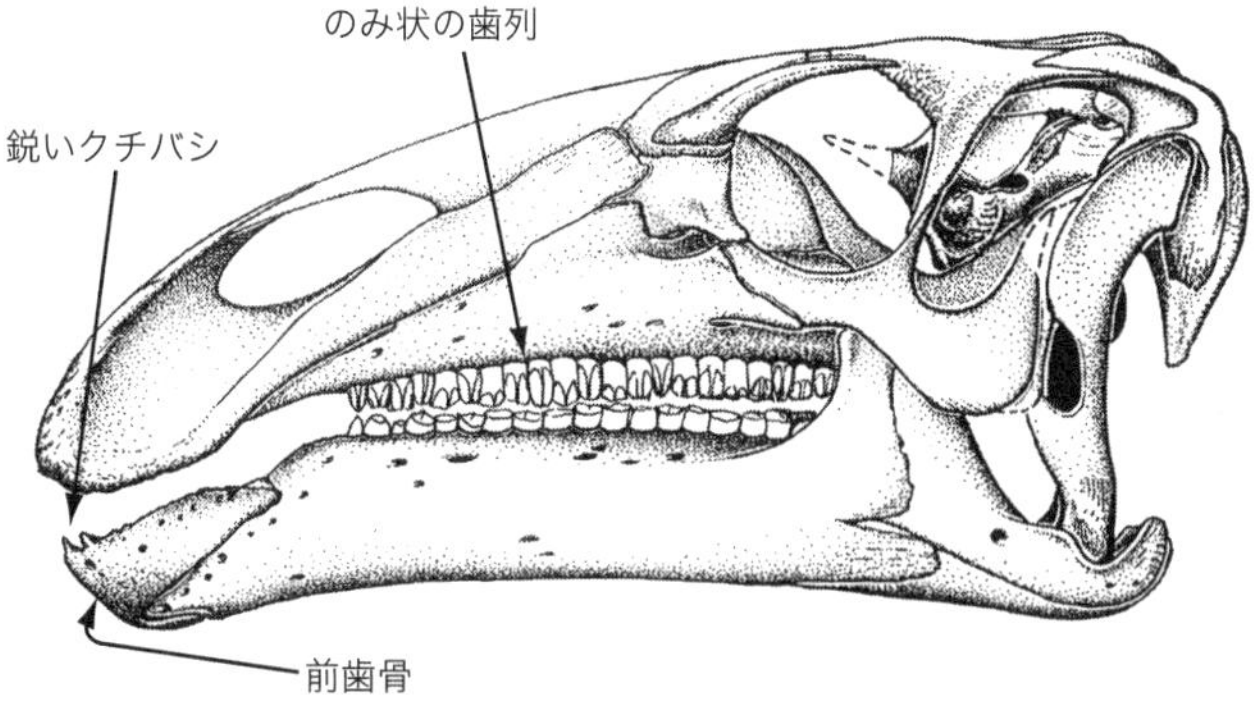

図26　イグアノドンの頭骨.

まうことがわからなかったのである。

　１９２０年代になっても、ルイ・ドローがマンテルの推測を支持したのは非常に奇妙なことである。ドローの記載によると、下顎の先端の前歯骨が開き、それによって前歯骨を通じたまっすぐなトンネルが形成され、そこを舌が出入りして、植物をつかみ、口の中に入っていくとした。イグアノドンの顎の間にある大きな骨（角鰓骨《かくさいこつ》）は、この舌の動きを支えるための筋肉がつくと考えられた。このような構造は、イグアノドンがキリンのような長い舌を使って、高木性の植物の新芽を食べる植物食動物であるという、ドローの考えと合致していた。

　ベルニサールで見つかった多数のイグアノドンの頭骨を注意深く再研究した結果、ドローのこの考えは否定された。前歯骨には、カメのような角質のクチバシを支える、鋭い上端がある。前歯骨とクチバシは、上顎の先端にある、同じく歯のないクチバシで覆われた前上顎骨に対して噛み合わせており、効果的に植物をつみとって食べることができた。この角質のクチバシの利点は、植物を食べて削られても、継続的に成長できることである（これに対し、歯は徐々に摩耗してしまう）。舌骨にはさらに解説が必要となる。噛まれて小さくなった植物を飲み込んだり、咀嚼のために口内で食物を移動するために、舌を動かす筋肉の付着点として舌骨は機能する。これはヒトの口内にある舌骨の果たす役割と同じである。

イグアノドンはどのように食物を咀嚼するのか

口先で植物をつみとる角質のクチバシとは別に、顎の側面には、不規則に鋭くなったのみ状の歯が上下にほとんど平行に並んでいる（図26）。使用している歯はそれぞれ、歯列に沿って隣の歯との間にきちんと収まっている。また、歯の下には、使用中の歯が磨耗してなくなったら次に生え変わる歯冠があり、複数の歯がまとまって「歯の弾倉」とでもいうような集団をつくっている。このように歯が連続的に生え変わることは、爬虫類では一般的である。めずらしいのは、使用している歯と生え変わってくる歯が成長し続ける「弾倉」としてひとまとまりになっており、まるで一つの大きい石臼のような歯として機能していることだった。上下の歯の嚙耗面《こうもうめん》は、恐竜が生きている間はずっと、すりつぶす機能を保ち続ける。ヒトのように長持ちする永久歯をずっと使うのではなく、歯がそれぞれ置換し続けることに頼った「使い捨てモデル」ということができる。

上下それぞれの歯の切断面のエッジには、噛み切る動きの中で効果的に機能するための特徴がある。下顎の歯では、内側の面は非常に硬いエナメル質の厚い層で覆われており、ほかの部分は軟らかく、骨に似た象牙質でできている。それに対して、上顎の歯は下顎の歯と逆の構造で、「外側」の面が厚いエナメル質でできており、残りの部分が象牙質である。顎が閉じるとこれらの向かい合う面がたがいにスライドし、下顎と上顎のエナメル質の切断面同士が接触して、はさみの刃のように食物を噛み切ったりせん断したりする（図27）。エナメル質の面はたがいに離れると、反対側の弱い象牙質と噛みあい、食物を引き裂いたり、すりつぶすように動く。これは、植物の硬い繊維をつぶすのに効果的である。

上下の顎の「歯の弾倉」に見られる、すりつぶす面の配置はとくに興味深い。上顎の歯の噛耗面は内側と下側を、下顎の歯の噛耗面は外側と上側をそれぞれ向いており、噛耗面同士は斜めに接する。この組み合わせは興味深い結果を導く。通常の爬虫類では、下顎は単純な蝶番の作用で閉じ、それゆえ下顎の両側が同じように閉じる。これは「対称な」噛み方とよばれる。もしこの噛み方をイグアノドンがしていたとすれば、上顎の内側で下顎が引っかかり、口の両側にある上下の歯が無理に押し込まれるようになってしまう。これでは、歯の先端の斜めの噛

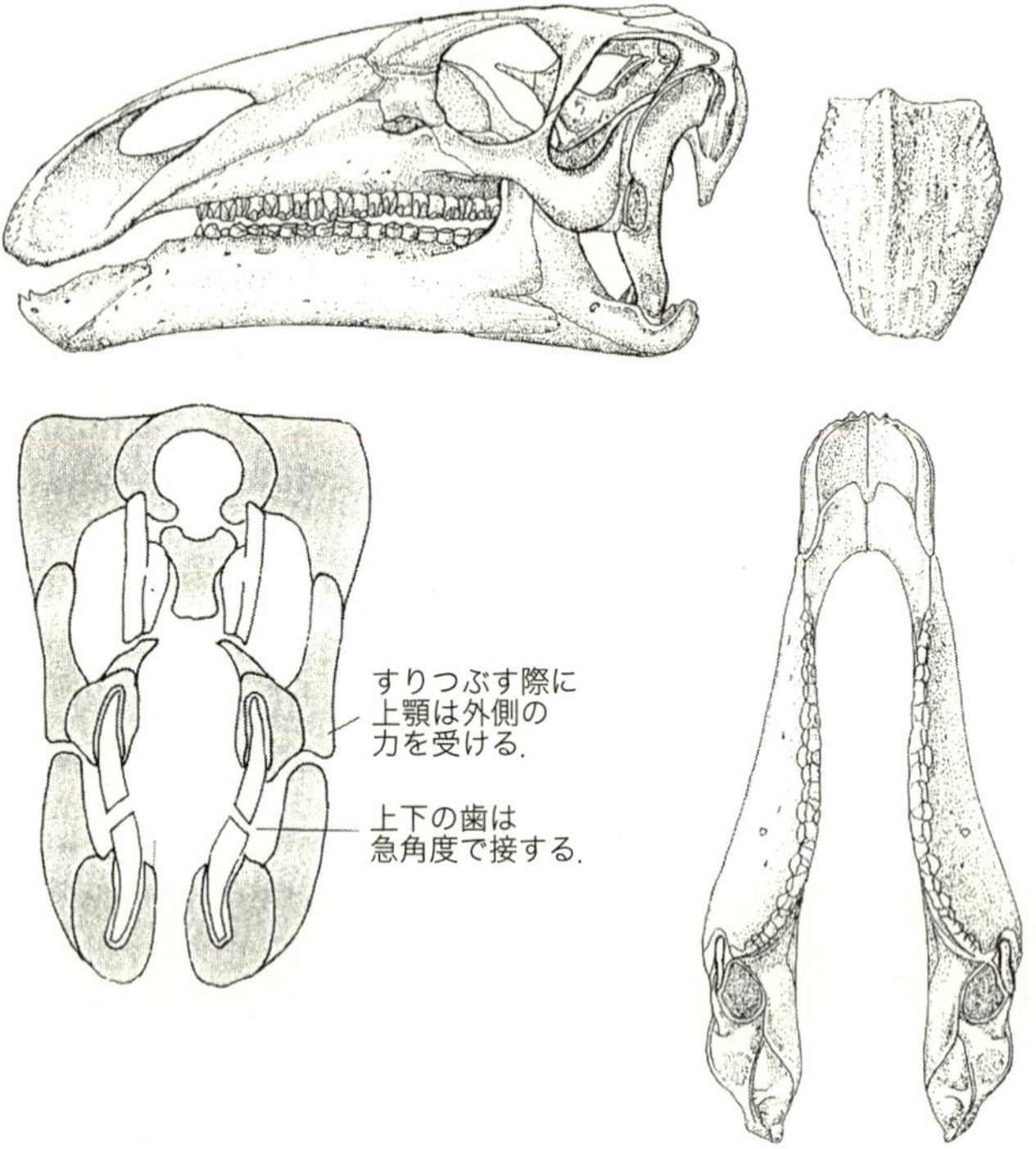

図27　イグアノドンの歯と顎.

耗面がどのように形成されるかイメージできない。

噛耗面が斜めに発達していることから、イグアノドンが顎を閉じるときには、横方向にも動かせたということがわかる。これは、現生する植物食哺乳類が獲得している「非対称に」顎を動かすしくみである。これは下顎が上顎に対して狭いという事実による。上下それぞれの顎の骨の左右に配置されている特別な筋肉は、顎の位置を正確にコントロールすることができる。上下の歯がしっかりと噛み合った後で、下顎が強制的に内側にすべると、噛み合った歯同士がたがいにこすれ合う。われわれヒトも硬い食物を食べるときにはこのような顎の動かし方をしているが、古典的な植物食哺乳類（たとえば、ウシ、ヒツジ、ヤギなど）ではこの動きをもっとしっかりと行っており、顎が揺れているのが明らかに見てとれる。

哺乳類のような顎の動かし方は、複雑な顎の筋肉とそれを支配する複雑な神経系、そして、この顎の動きに対して十分な強度を持つ頭骨があることで発達している。それに対して、イグアノドンのような標準的な爬虫類では、非対称な動きに対応した顎の配置にはなっておらず、下顎を正確に動かすような複雑な筋肉と、それを支配する神経系、さらには横方向の力に対する強度のある頭骨も持っていない。

イグアノドンはわれわれに対し、推定できるどのモデルにも合わないのはなぜか、という謎を投げかけているかのように見える。解剖学的な知識が間違っているのか？　それとも、この恐竜が予想もできない、何か特殊なことをしていたのか？

　イグアノドンの下顎は強く複雑な骨でできている。下顎の左右の先端は、前歯骨によってたがいに固定されている。歯は基本的に顎に対して平行に配置され、顎の後部には高く盛り上がった骨（下顎突起）がある。この骨は顎を閉じるための力強い筋肉が付着する場所であり、歯に作用する力を伝えるためのレバーとして働く。下顎突起の後ろ側には、蝶番のような顎関節を支える、複数の骨でできた部位がある。物を噛んでいるときの上顎には、下顎と歯を上顎に向かって閉じていくことによって生じる垂直方向の力だけではなく、横方向の力もかかっている。これは、噛む力が増加するとともに、上顎に下の歯が押し込まれることで生み出される力である。

　イグアノドンの頭骨に働く力のうち、処理がやっかいなのは、歯にかかる横方向の力である。眼窩の前にある長い鼻先（吻部）は、断面を見ると深いU字形をしている。歯にかかる横方向の力に対抗するため、頭骨には上顎とつながる骨性の梁が必要で、このような配置は現生哺乳類にも見られる。このような梁がないと、イグアノドンの頭骨は、正中線に沿って非常に割れやすくなってしまう。なぜなら、頬骨の深さ（上下方向の高さ）は、歯に働く力から吻部の上部（天盤）に対して、大きなてこの作用を生み出すからである。頭骨の正中線での破壊は、蝶番を頭骨の両側に、斜め下方向に配置することによって避けられる。これらの蝶番により、下顎の歯が上顎の歯の間に収まるように、頭骨の側方を同時に外側にも動かせるようになる。頭骨の内部に見られるそのほかの特徴は、この蝶番に沿って動かせる範囲をコントロールすることに用いられたと考えられる（その結果、上顎がゆるんでぱたぱたと動くこともなかった）。

この優れたしくみを、私は側方向運動（pleurokinesis）と名づけた。このシステムはたんに、通常の噛む運動の際に、頭骨に壊滅的な力が働くのを避ける手段のようにも見える。しかしじつは、この運動によって、上下の歯同士で「すりつぶし」の働きをすることが可能になるのだ。これは、植物食哺乳類がほとんど異なる方法で獲得した、すりつぶしのしくみとよく似ている。

この新しい咀嚼システムは、イグアノドンのような恐竜に関する、ある重要な観察結果とも関係している。イグアノドンの歯は、顔の側面から離れた内側に位置する。これはこの凹みが、頰の肉のようなもので覆われていたかもしれないということを示唆している。この頰のような特徴は、爬虫類には見られない。もし頰を持たない爬虫類が、食物を噛み切ろうと上顎と下顎をスライドさせると、口の中から食物が毎回こぼれてしまうだろう（少なくとも半分くらいはこぼれるかもしれない）。そこに頰の肉のようなものがあれば、こぼれることなく口の中で噛むことができる。このことから、これらの恐竜には、以下のような特徴があったと考えられる——驚くほど洗練された方法で食物を咀嚼する能力があっただけではなく、哺乳類のような類もまた持っており、大きな筋肉質の舌と力強い舌骨（舌の筋肉が付着する骨）を使うことによって、咀嚼の前に上下の歯の間で食物の場所を調整することができていた。

いったんこの新しい咀嚼システムを明らかにしてみると、私はこの側方向運動が、イグアノドンだけに備わった「1回きり」の発明ではないことがわかった。これは、イグアノドンが属する、鳥脚類とよばれる恐竜の大きなグループに広く見られたのだ。中生代を通じた鳥脚類恐竜の進化史をたどってみると、時間とともにこれらの仲間が優勢になり、多様性を増加させていったことがわかる。鳥脚類恐竜は、白亜紀末の生態系で最も多様化し、この時期の陸上動物相で最も多く見つかる化石と言われる。ハドロサウルス類恐竜、もしくはカモノハシ恐竜として知られる鳥脚類恐竜は、世界の一部の地域ではきわめて多様化し、優勢であった。北米では、ハドロサウルス類が個体数にして何万頭もいたという説もある。ハドロサウルス類は最も洗練された、すりつぶすのに適した歯を持っており（1匹に1000本近い歯があった）、よく発達した側方向運動の機能を有していた。

これらの恐竜が大いに多様化し、大量に繁殖したことには理由があるはずだ。それはおそらく、彼らが側方向運動によって、非常に効率的な食物摂取の方法を獲得していたからであろう。彼らの進化的な成功は、イグアノドンの時代にはじめて確立された、新しい咀嚼システムを継承した結果なのである。

第4章 恐竜の系譜を解明する

　ここまでの章でわれわれは、すべてではないにしろ、イグアノドンの生活様式、生物学、解剖学の研究に焦点を当ててきた。とはいえイグアノドンは、中生代という長大な物語に登場した恐竜の一つにすぎないことは明らかである。古生物学者が取り組むべき重要な仕事の一つは、研究している種の系譜や、進化の歴史を明らかにすることである。何らかの全体像の中に、恐竜という生物全体を置くためには、恐竜の進化史に関する現時点でのわれわれの理解と、その手法を概説する必要があるだろう。

　化石記録の一つの特徴は、（現在の系統学者の研究範囲である）人類の数世代の歴史だけではなく、地質年代を通した数千、あるいは数百万という世代交代の、生命の系譜を提示することである。現在、そのような研究は、系統分類学とよばれる手法を用いて行われている。この手法の前提は非常に単純である。生物は、ダーウィン進化論の一般的な過程に従うとみなされる。ここには、「系統的な意味で近縁な生物同士は、遠縁な生物同士よりも体のつくりなどが似る傾向にある」という仮定さえあればよい。古生物系統学者は生物間の近縁度を調査するにあたって、（とくに化石生物の場合）化石となった硬組織に残されている解剖学的特徴に興味を持つ。不幸なことに、生物学的に重要な情報を持つ組織は腐りやすいものが多く、化石になる過程で失われてしまうため、現実的には、われわれは残されたものだけを利用しなくてはならない。最近になるまで、系統の復元は動物の硬組織の特徴によっていたが、技術の進歩により、現生生物の分子構造や生化学的なデータを利用することも可能となっており、復元の過程に重要な新情報をもたらしている。

恐竜の系統学者のやるべきことは、系統学的に重要な特徴、すなわち進化的な兆候を含む特徴を見極める意図を持って、その骨学的特徴の長いリストをつくり上げることである。この仕事の目的は、より近縁な生物同士のグループ分けに基づいて、類縁関係の有効な階層をつくり出すことである。

この解析によって、それぞれの化石種に固有の特徴も同定される。これは、たとえば、イグアノドンとほかの恐竜を区別できるような、固有の特徴を確立するために重要なものである。このような解析をしなくとも、恐竜の区別は、簡単なことのように思えるかもしれない。しかし実際には、化石種はしばしば少数の骨や歯に基づいて同定されている。もしその原標本が見つかったのとは違う場所で、ほぼ同じ時代の地層から、これまでに見つかっていない部位の化石が発見された場合、この新しい発見部位が、たとえばイグアノドンなのか、あるいはこれまで知られていなかった新しい種なのかを判断するのは非常に困難である。

また、さらに、イグアノドンに固有の特徴を超えて、イグアノドンとは近縁だが完全に異なる種でも共有しているような特徴を見つけることも重要である。この関係は、解剖学的には「家族」のようなものであると言えるかもしれない。恐竜の「家族」が共有する特徴が一般的であればあるほど、全体的な類縁関係を徐々に結びつけていくことで、より大きな、たくさんの恐竜の分類群が含まれるグループを同定することにつながる。

バリオニクス（*Baryonyx*）の場合

イギリス南東部の白亜紀前期の地層は２００年以上にわたって、ギデオン・マンテルのような化石ハンターや、ウィリアム・スミスのような地質学者によって調査されてきた。ここではイグアノドンの化石はありふれたもので、ほかにもメガロサウルス、ヒラエオサウルス、ポラカントゥス

(*Polacanthus*)、ペロロサウルス(*Pelorosaurus*)、ヴァルドサウルス(*Valdosaurus*)、ヒプシロフォドン(*Hypsilophodon*) などが見つかっている。このような多くの発見を考えると、さらに新しい何かが発見されることはあり得そうになかった。しかし1983年、アマチュア収集家のウィリアム・ウォーカーは、サリー州の泥の穴から大きな爪の化石を発見し、これが全長8メートルにもなる新種の肉食恐竜の発掘につながった。発見者にちなんでバリオニクス・ウォルーカーイ(*Baryonyx walkeri*) と名づけられ、大英自然史博物館に展示されている。

この物語の教訓は、どんなことでも当然と考えるべきではない、ということだ。化石記録はつねに驚きに満ちているのである。

実際問題として、全体的な類縁関係は、どのように得られるのだろうか? ずっと長い間、一般的であった手法は、たんに「自分がいちばんよく知っていること」を記載することだったのかもしれない。これは文字どおり、生物の特定のグループについて長期間にわたって研究し、それらのグループに共通する全体的な類縁関係をまとめていた、自称専門家によるものだった。この手法による結果は後からかなり変わりやすく、好ましい類縁関係のパターンもたんにそうだったというだけで、科学的に検討された厳密なものであるという保証はなかった。この手法では、特定の生物のグループには合理的にうまくいったとしても、解釈の有効性を別のグループと比較して議論することは非常に難しい。本質を言ってしまえば、その議論は回りくどく、かつ、自分自身の信念に依存するものだからである。

対象となる生物のグループが非常に大きく、たくさんの些細な点まで明らかにしなくてはいけない場合、この潜在的な問題が浮かび上がってくる。そのよい例が昆虫や、並外れた多様性をもつ硬骨魚類である。もし科学界全体が、ある一人の科学者の権威をいっせいに喜んで認めたら、すべてがうまくいくように見える。しかし賛同できない専門家がいれば、行きつくところは、いらだたしい堂々めぐりの議論となってしまうだろう。

過去40年間を経て、科学的により価値がある、新しい手法が徐々に採用されてきている。100パーセントの正しさが求められているのではないが、少なくとも、科学的な研究や議論に対して開かれていることが必要である。この新しい手法は現在、分岐学（系統分類学）として広く知られている。この「分岐学」という名称を用いるには、多少の不安がある。というのも、分岐学という学問が実際にどのようになされるかということ、また、研究成果が進化論的な文脈において重要な意味を持つかもしれないということについて、非常に激しい議論があったためである。幸いなことに、われわれはこの議論を続ける必要はない。なぜなら実際のところ、原則は驚くほど単純明快だからだ。

分岐図は、その時点までに研究されてきたすべての種を関連づける、枝分かれした樹形図のことである。これを作成するために、研究者はデータマトリクスという表をまとめる必要がある。このデータマトリクスは、それぞれの種が持つ特徴（解剖学的なものや生化学的なものなど）に対して、それぞれの種がどのような状態かを検討し、リストとしてまとめたものである。それぞれの種は、その形質が「ある」（1）か「ない」（0）かによって「記録」され、もしその形質の有無が不確かな場合は（?）で示される。まとめられたデータマトリクスは大きなデータになることが多く、コンピュータープログラムを用いて解析される。プログラムは、1と0の分布を評価し、さまざまな種が共有するデータから、最節約[9]的な分布を決定する一連の統計データを生成する。結果として得られる分岐図は、全体的な類似性や共通するパターンの程度や、どのぐらいデータの間違いや誤解があるかをさらに調べるための出発点となる。

この種の解析結果である分岐図は、研究対象の動物の類縁関係に関する作業仮説以上のものではない。樹上の各分岐点からは、特徴的な形質をいくつか共有するという観点でまとめた種のグループを定義することができる。そしてこの情報を用いれば、グループ全体の進化史モデルを表す系図や系統の分類を、実質的につくることが可能である。たとえば、解析に用いたグループのさまざまな種が出現した既知の地質年代をこのパターンにプロットすれば、このグループの全体的な歴史が見えるようになり、それぞれの種が出現した時期も推定できるようになる。分岐図はこのようにすると、たんに種の空間的配置を使いやすく表しているというより、むしろ本物の系図と似はじめてくる。もちろん、この手法で作成された系統は、利用可能なデータとみなしてよい。データとその記録方法は、新しく保存状態のよい、より完全に近い化石が発見されれば変更され、また、新しい解析手法の開発や、古い手法の改善によっても適宜変えていくことができる。

これらの研究の目的は、生命の進化史、とくにこの場合は恐竜の進化史の、できるだけ正確な概観をつくり上げる手助けをすることである。

恐竜の進化史の概説

恐竜の進化に対するこのような系統的手法の興味深い例としては、イェール大学のジャック・ゴーティエと、シカゴ大学のポール・セレノの研究が代表的である。セレノは20年以上にわたる長い時間をかけて、恐竜の総合的な進化史と系統を研究した。図28はその概要を示したものである。

恐竜類は、直立した姿勢と、支柱のような脚の上に乗る体を効率的に支えるために、特別に強化された関節を脊柱と腰の間に持ち、伝統的に（オーウェンが想定したように）爬虫類として認識される。これらの変化は、初期の恐竜にいくつかの利点をもたらした。支柱のような脚

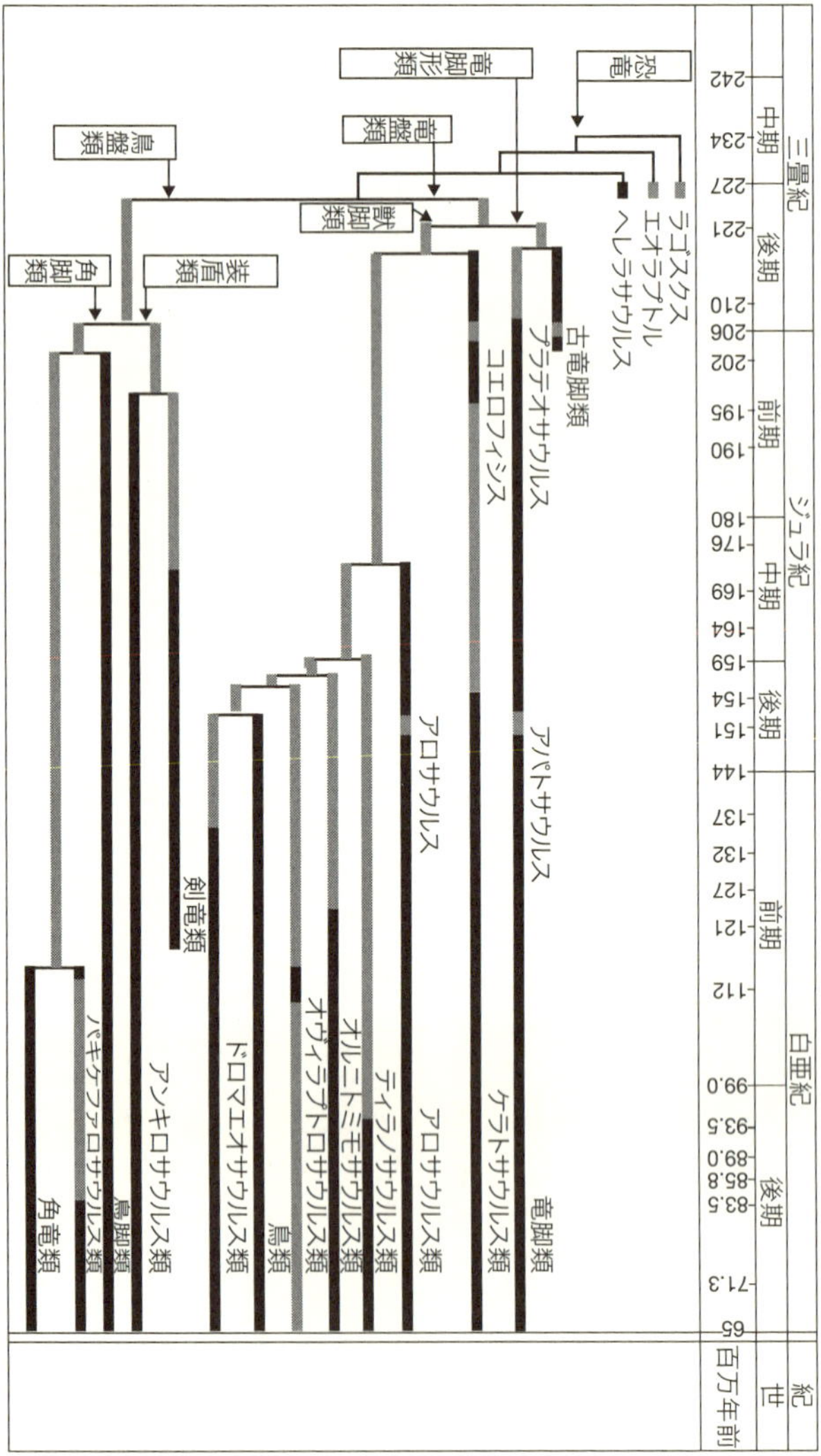
恐竜
竜脚形類
竜盤類
鳥盤類
獣脚類
装盾類
角脚類
ラゴスクス
エオラプトル
ヘレラサウルス
古竜脚類
プラテオサウルス
コエロフィシス
アパトサウルス
アロサウルス
剣竜類
パキケファロサウルス類
鳥脚類
アンキロサウルス類
ドロマエオサウルス類
鳥類
オヴィラプトロサウルス類
オルニトミモサウルス類
ティラノサウルス類
アロサウルス類
ケラトサウルス類
竜脚類
角竜類
三畳紀
ジュラ紀
白亜紀
中期
後期
前期
紀
世
百万年前
242
234
227
221
210
206
202
195
190
180
176
169
164
159
154
151
144
137
132
127
121
112
99.0
93.5
89.0
85.8
83.5
71.3
65

図28　恐竜の分岐図.

は、重い体重を支えるのに効果的であり、そのため恐竜は大型動物となることが可能となった。またこのような脚は歩幅を広げ、ある種の恐竜は速く動けるようになった。これらの特性は、恐竜が地球上を支配するのに非常に有利だったのである。

すべての恐竜は上述のような重要な特徴を共有しているが、恐竜はその中で二つの基本的に異なるタイプ――竜盤類（「トカゲのような骨盤」の意）と鳥盤類（「鳥のような骨盤」の意）に分けられる。これら二つの分類群を区別するための解剖学的特徴は数多くあるが、名前が示すように、これらの恐竜の違いは基本的に腰の骨の構造の違いによっている。両グループの最も初期の仲間は、少なくとも2億2500万年前のカーニアン期の地層から見つかっている。ただし、最も初期の恐竜は見つかっていないため、それが竜盤類なのか、鳥盤類なのか、単なる恐竜類なのかは、まだはっきりとわかっていない。

竜盤類恐竜

竜盤類恐竜は、竜脚形類と獣脚類という二つの大きなグループからなる。竜脚形類は、支柱のような脚を持ち、尾と首がとても長い、非常に大きな体の生物である。長い首の先には小さな頭があり、植物食だったことがうかがえる、釘状の簡単な歯がついた顎を持っている。このグループには、ディプロドクス類、ブラキオサウルス類（図31）、ティタノサウルス類が含まれる。獣脚類は、類縁関係にある竜脚形類とはまったく異なる特徴を持つ。彼らは敏捷で二足歩行をする、本来は肉食の恐竜である（図30、図31）。長い筋肉質の尾が、腰を中心にして上半身とのバランスをとっており、腕と手は獲物を捕まえるために自由な状態に保たれている。頭は大きくなる傾向にあり、顎にはナイフのような鋭い歯が並んでいた。獣脚類恐竜には、コエルロサウルス類に属するコンプソグナトゥスのような小さく華奢な仲間から、スピノサウルス（*Spinosaurus*）、バリオニクス、アロサウルス（*Allosaurus*）、ギガノトサウルス（*Giganotosaurus*）のように巨大で見るからに恐ろしいもの、さらには、もはや伝説的な巨大恐竜、ティラノサウルス（*Tyrannosaurus*）までいた。ここではよく知られている恐竜を挙げたが、グループ全体でとしては非常に多様であり、とても奇妙な仲間がいたこともわかっている。たとえば、新しく発見されたテリジノサウルス類は、動きの鈍い巨大な生物で、手には大鎌のような爪があり、腹部が大きく、小さな頭には肉食というよりも植物食を思わせるような歯を持っていた。ほかにも、オルニトミモサウルス類、オヴィラプトル類は、体のつくりが軽いダチョウのような動物で、歯がまったくなく、現生鳥類のようなクチバシを持っていたと知られている。しかしながら、獣脚類に含まれるグループの中で最も興味深いものは、ドロマエオサウルス類とよばれるグループである。

ドロマエオサウルス類には、ヴェロキラプトルやデイノニクス（図29）のような有名な種類

図29　デイノニクスの骨格から生体への復元図．羽毛のような繊維状構造で覆われていたと考えられる．

と、最近発見された、あまり有名でないものが含まれる。とくに興味深いのは骨学的特徴が現生鳥類と似ていることで、共通点が数多くあることから、彼らが鳥類の直接的な祖先であると考えられている。近年、中国の遼寧省ですばらしい保存状態の化石が発見されたことにより、ドロマエオサウルス類が、ケラチン質の繊維状の構造物か、現生鳥類と非常

図30　三畳紀の竜盤類恐竜．初期の獣脚類コエロフィシスと竜脚形類プラテオサウルス．

によく似た羽毛で体を覆われていたことが明らかになった。

鳥盤類恐竜

鳥盤類恐竜はすべて植物食だったと考えられており、現生哺乳類のように、捕食者よりもはるかに多様化し、数も多かったと思われる。

装盾類（図28）は鳥盤類の主要なグループの一つで、体の周囲が骨性の板で覆われていて、尾にこん棒やスパイクを持つという特徴があり、例外なく四足歩行で移動した。このグループの恐竜には、小さな頭と、背中に並ぶ大きな骨性の板の列とスパイクのある尾で知られるステゴサウルス（図31）に代表されるステゴサウルス類と、エウオプロケファルス（*Euoplocephalus*）に代表される、分厚い鎧のようなもので体表が覆われているアンキロサウルス類が

図31　ジュラ紀の鳥盤類の装盾類，ケントロサウルスとステゴサウルス．竜盤類の獣脚類アロサウルスと竜脚形類のブラキオサウルス．

含まれる。アンキロサウルス類は大きな戦車のような体形をしていた。分厚い鎧のような骨性の板を持ち、まぶたにまで骨でできたシャッターをそなえ、尾にも大きな骨性のこん棒を持つことで、捕食者に対抗していた。

角脚類（図28）は、装盾類とはまったく異なっている。彼らは基本的に軽快なつくりで、鎧のようなものはまとわず、四足歩行に戻った種もいるが本来は二足歩行の動物である。鳥脚類は角脚類の主要な仲間である。この仲間の多くは2〜5メートルの中型の恐竜で、おそらく現在で言えばヤギやヒツジ、シカ、レイヨウのような生態的地位を占める、数の多い恐竜だった。たとえばヒプシロフォドンのような角脚類は、獣脚類と同様に腰の位置でバランスをとっており、速く走れる細い脚や、物を握ることのできる手、そして最も重要なことに、植物を食べるのに適した歯や顎、さらには頬を持っていた。恐竜の中でも、小型から中型の鳥脚類は非常に多くいたが、中生代になるとより大型の種が進化していった。その代表例は、イグアノドンが属するイグアノドン類である。イグアノドン類の中で最も重要な恐竜は、北米およびアジアの白亜紀後期の恐竜、ハドロサウルス類（カモノハシ恐竜ともよばれる）であり、異常なほど大量に見つかっている。これらの恐竜の何種かは、カモのクチバシのような口先をしていたが、ほかの種はさまざまな形状の空洞のトサカがある頭骨を持っていた（7章）。このトサカ状の骨の構造は、社会的な情報伝達の手段として用いられ、大きな音を鳴らすことができたと考えられる。もう一つの角脚類の主要なグループである周飾頭類は白亜紀に出現した。パキケファロサウルス類（「厚い頭の恐竜」の意）はこのグループに属している。パキケファロサウルス類は、全体的には鳥脚類と同じような体型なのだが、頭部の見た目が非常に変わっている。多くは頭頂部が高いドームのようになっており、それはハドロサウルス類のトサカ状の構造とも何となく似ているように見える。違いは、パキケファロサウルス類の頭頂部や飾りには、内部にも骨が詰まっていたことである。これらは彼らが白亜紀の世界で、今日の有蹄類の仲間と同じように、「頭突きをする」生活をしていたことを示唆しているのかもしれない。[10]

最後に、角竜類がいる。彼らは、本書の序章で紹介したプロトケラトプスや、よく知られているトリケラトプス（***Triceratops***：「3本の角の顔」の意）を含むグループである。角竜類ではすべての仲間の口先が細長いクチバシのようになっており、頭骨の後端には襟巻きのようなフリルを持っていた。これらの仲間の何種か、とくに初期の仲間には二足歩行性のものもいたが、その後、体サイズが大型化すると頭骨やフリルが大きくなり、眼の上と鼻の上に角を持つようになっていった。彼らの大きく重い頭部は四足姿勢への適応を促した。彼らと現在のサイが似ていることは誰の目にも明らかである。以上で述べてきた概説が示すように、過去200年間の発掘によって、恐竜は非常に多種多様であったことがわかってきた。今日では約900種が知られているが、これは、中生代の約1億6000万年間にわたって繁栄した恐竜たちの、ほんの一部である。不幸なことに、多くの恐竜は化石として保存されていないため、永久に見つかることはないだろう。運よく化石化したもののみが、きたるべきときに、恐竜ハンターたちによって発見されていくのだ。

恐竜の系統学と古生物地理学

この種の研究では、予期せぬ興味深い副産物を得ることがある。ここで考えられる副産物の一つは、地球の地理的変遷と系統関係に関連するものだ。実際、地球は、生命の全体的なパターンに対して、大きな影響を及ぼしたかもしれないのである。

地球の地質年代は、地球上のさまざまな場所から堆積層を採取し、相対的な年代を綿密に調査することによって、その全体像が明らかにされてきた。そのための重要な構成要素の一つが堆積層に含まれる化石証拠で、もし違う場所の岩石が、同じ種類の化石を含んでいたら、合理的な確信を持ってその二つの岩石が同じ相対年代のものであると仮定することができる。

同様のやり方を拡張すると、世界中のさまざまな場所から得られる類似の化石証拠は、大陸が現在の場所にずっとあったわけではないということを示唆しているように思われる。たとえば、南大西洋の両岸の大陸から産出する岩石や化石はとてもよく似ていることが以前から指摘されてきた。小さな水生爬虫類メソサウルス（*Mesosaurus*）は、南アフリカとブラジルの双方で、とてもよく似たペルム紀の地層から発見されている。1620年というかなり古い時期から、フランシス・ベーコンは、南北アメリカ大陸とヨーロッパ、アフリカの各大陸の海岸線がよく似ており、まるで大きなジグソーパズルのように合わせることができるようにも見えることを指摘していた（図32d）。ドイツの気象学者アルフレッド・ウェゲナーは1912年、化石や岩石、そして全体的な形の一致から、過去に地球の大陸は現在と異なる場所にあり、たとえば南北アメリカとヨーロッパ・アフリカは、ペルム紀には陸続きだったと考えた。しかし、ウェゲナーは専門教育を受けた地質学者ではなかったので、彼の考えは無視されたり、証明不可能なものとして片づけられた。常識的には、大陸のような大きさのものが、固い地球表面を移動することなど不可能に思える。明快な説明のように思えたウェゲナーの理論には、メカニズムが欠けていたのである。

しかし、この常識は覆された。1950〜1960年代にかけ、ウェゲナーの説を支持する観察結果が集まっていったのだ。第一に、すべての主要な大陸の非常に詳細なモデルを検討したところ、大陸同士がぴったりと適合し、偶然では説明できないほどの対応があるとわかった。第二に、ジグソーパズルのように大陸を配置しなおすと、離れている大陸間でも、おもな地質学的証拠が連続的になっていた。そして最後に、古地磁気学における証拠が、海洋底が大陸を運ぶ巨大なベルトコンベアのように動いているという「海洋底拡大説」の現象を証明した。また、大陸岩石中に見られる地磁気の地史的証拠は、大陸が時間をかけて移動していることを示していた。この「原動力」は、地球内部のコアの熱と、マントルの流体的な動きの影響によるものだった。長い時間をかけて地表の大陸が動くというプレートテクトニクス理論は、現在では確立され、証拠にも裏づけられている。

恐竜の進化的な視点から見ると、プレートテクトニクスの意義は非常に興味深いものである。大規模な古地磁気学と、詳細な層序学に基づいて過去の大陸の配置を復元すると、パンゲア（「全地球」の意）とよばれる一つの超大陸に、すべての大陸が収束していたことが示唆される（図32a）。この時代、恐竜は地上の全域を文字どおり動き回れたし、それはほぼすべての大陸から、比較的似たタイプ（獣脚類と竜脚形類）の化石が見つかったことからも示すことができる。

次に続くジュラ紀（図32b）と白亜紀（図32c）の間に、超大陸パンゲアは分離していった。非常に大きく強力なベルトコンベアにより、パンゲアはゆっくりと、しかし確実に引き離されていったのだ。分離の最終段階にあった白亜紀末には、図32cのインド半島の位置のように、地理的にまだ多少の違いはあるものの、現在の大陸配置に近づいていた。

最初期の恐竜は、その化石記録から、パンゲアのほぼ全域に分布することが可能だったように見える。しかし、ジュラ紀とそれに続く白亜紀の間、パンゲアからは大陸並の大きさの陸塊が徐々に動いていき、その間にできた海路によって細分されたのだ。

大陸が離れていく過程で避けられない生物学的影響は、かつて地球上に広く分布する種だった恐竜が、徐々に孤立した個別の種になっていくことだった。孤立化は、生物進化の根本的な要素の一つで、一度孤立化すると、生物の個体群は、周囲の環境の局所的な変化に影響を受けて進化的変化をする傾向がある。この場合われわれは、大陸規模の比較的大きな領域を扱っているが、それぞれの大陸の断片では、恐竜はそこに固有の個体群となり（その大陸の生物相や植物相と関連する）、各個体群は時間の経過とともに、環境の局所的な変化、たとえば経度や緯度の影響、海流、気温変化などの影響を受けながら、独自に進化する機会を持つ。

理論的に見て、中生代の地殻変動が、恐竜の進化史の範囲と全体的な様式に影響を及ぼしたことは明らかである。たしかに、ゆっくりと生じた祖先的な個体群の漸進的な分断が、全体として、グループの多様化を加速させたはずであるという仮定はとても合理的に見える。現在われわれが、分岐図によって恐竜の系統を復元できるのと同じように、「祖先的」なパンゲアから大陸が分断していった事象を追うことによって、中生代を通じた地球の地理的史を復元できる。もちろん、この全体的な研究手法によって得られた地球史は、真実の地球史よりは単純化されている。なぜなら、しばしば大陸塊は合体してしまい、それ以前の孤立した個体群が一緒になってしまうからである。しかし少なくとも最初の近似としては、地球史上で発生したいく

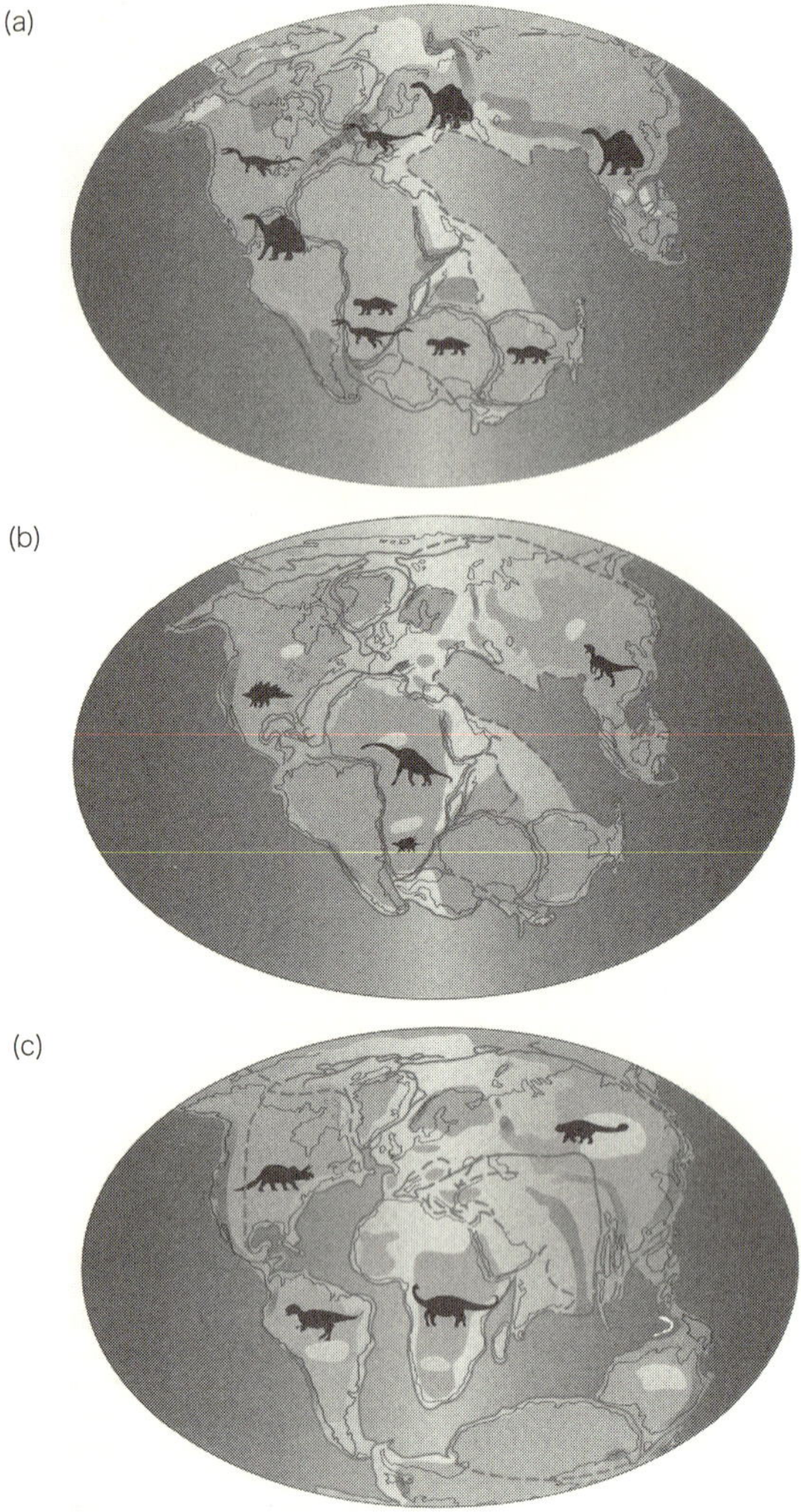

図32　大陸移動．(a) 三畳紀にはパンゲアという一つの超大陸があった．(b) ジュラ紀中期．(c) 白亜紀前期．恐竜の絵は，大陸が分裂するにつれて，多様性が増えていることを示す．

(d)

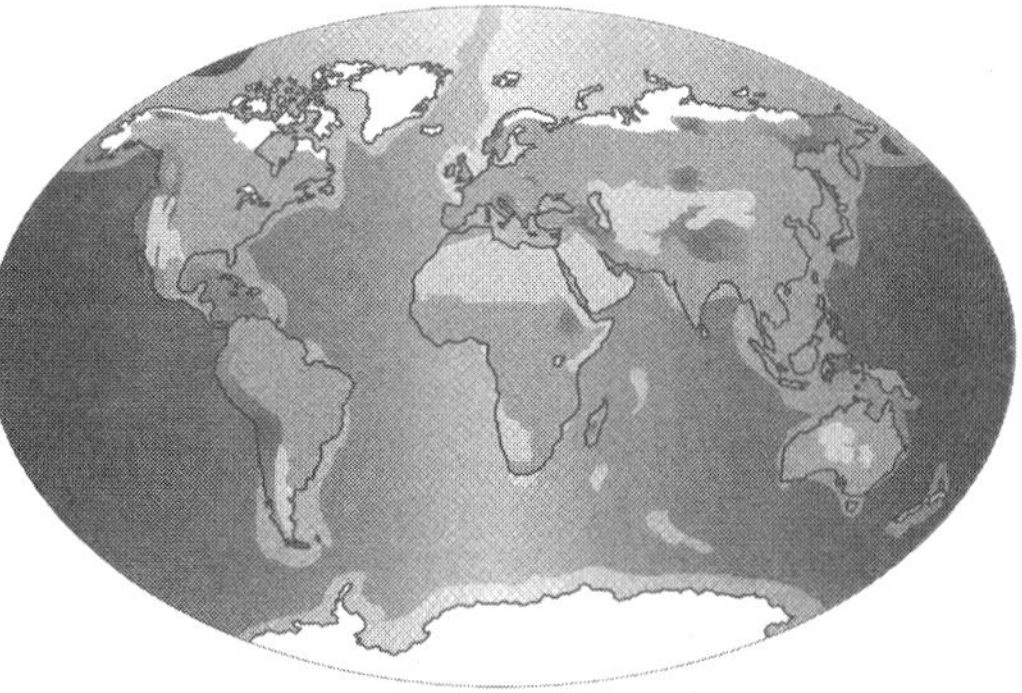

図32(d)　今日の大陸．大西洋を閉じてみると，南北アメリカと西アフリカの海岸線が合致する．

つかの大規模なイベントを研究するのに十分なものとなる。

恐竜の自然史に関するこのモデルが全面的に正しいとすると、恐竜の化石記録と中生代の大陸分布の地殻変動モデルの詳細な研究から、これを支持する証拠が見つかると期待できるかもしれない。この種の研究手法は、恐竜の進化史において一致するパターンを探るため、また、彼らの進化史が地理的分布と対応しているかどうかを証明するために、近年さらに発達してきている。

鳥脚類の進化

この分野で最初に研究が行われたのは１９８４年のことで、イグアノドンによく似た近縁種の恐竜のグループが検討された。一般的に、このタイプの恐竜は鳥脚類（「鳥の脚」の意。現在の鳥類と脚の構造が似ていることに由来する）として知られている。それまでに知られていた鳥脚類の骨学的特徴を詳細に比較することで、彼らの分岐図がつくられた。これを本当の系統図に変えるためには、地理的分布と、時代を通して知られている分布を、分岐図に当てはめてみることが必要だった。

この解析から、鳥脚類恐竜の進化の驚くべきパターンがいくつか現れた。イグアノドンに最も近縁な種（イグアノドン類とよばれるグループの仲間）と、彼らの最も近縁な仲間（ハドロサウルス類の仲間）が、ジュラ紀後期の大陸分断の結果、出現したように見えた。この両者に進化していった祖先の個体群は、当時つくられた海路によって分断されたようだった。この分断を受けて、一方の個体群はアジアでハドロサウルス類として進化し、もう一方は別の場所でイグアノドン類に進化したのだ。その後ジュラ紀後期から白亜紀前期を通じて、これら二つのグループは、たがいに異なるグループに進化したように見える。しかし、白亜紀の後半にアジア大陸が北半球の残りの大陸とふたたび結合すると、ハドロサウルス類は北半球の至るところに分布し、彼らが出会ったあらゆる地域のイグアノドン類にとってかわったようである。

このように、白亜紀後期にハドロサウルス類がイグアノドン類にとってかわったというパターンは、合理的なもののように見えるが、調査すべき不可解な例外もいくつかあった。

その一つが、20世紀になった頃に、ヨーロッパ大陸（フランスやルーマニア）の白亜紀最末期の地層からイグアノドン類が見つかった、という報告があったことだった。前述のように、これまでの研究では、白亜紀後期までイグアノドン類が生き延びていたことは予想されてはいなかった。あらゆる地域でハドロサウルス類がイグアノドン類と交代したと考えられたからである。そんな中、1990年代初頭、ルーマニアのトランシルバニア地方から、とても保存状態のよい標本が見つかった。しかし、系統解析をしてみたところ、これまでの報告についても再調査の必要があることがわかった。こうした近年の研究により、この恐竜がイグアノドンの近縁種ではなく、鳥脚類のより原始的なグループが長期にわたって生き残ったもの（残存種）であることが判明し、この恐竜には、ザルモクセス（*Zalmoxes*）というまったく新しい名前がつけられた。過去に得られていた不可解な結果は、原始的な、しかし十分に理解されていなかった恐竜についての、たくさんの新情報だったのだ。

また、1950年代の報告では、白亜紀前期のモンゴルに、イグアノドンにとてもよく似た恐竜がいたことを示唆していた。この興味深い報告も、イグアノドンが白亜紀前期のアジア大陸にいたという特異な地理的分布が本当なのか、もしくはルーマニアの例のように、間違った同定の新たな事例なのかを確認するためには、さらなる調査が必要だった。この標本は断片的なものだったが、モスクワのロシア古生物学博物館に収蔵されており、再調査をする必要があった。得られた結果は今回もまた、予想とは異なるものだった。今回は、初期の報告が正しく、白亜紀前期のモンゴルにはイグアノドン属がいたと考えられることがわかった。また、発掘された化石断片についても、よく知られているヨーロッパのイグアノドンと区別がつかないものだった。

この2番目の発見は、1984年の研究で生み出された進化的・地理的な仮説にまったく一致しなかった。たしかにここ最近、アジアや北米の白亜紀「中期」の地層から、非常に興味深い、イグアノドンに似た鳥脚類の発見が続いている。ごく最近の調査や、堅実に積み重ねられてきた証拠からは、当初の進化的・地理的なモデルには、新しい発見や継続的な調査によって明らかにされるような、基本的な欠点が多数あることが示唆されている。

恐竜：その全体的な概観

この手法は近年、より広範囲に、また、より意欲的な研究に応用されている。ロンドン大学のポール・アップチャーチとケンブリッジ大学のクレイグ・ハンは、多くの恐竜の解析で得られる系統的なパターンと、化石の見つかる地層の範囲に見られるパターンの類似性を比較することによって、恐竜全体の系図づくりに取り組んでいる。この系図を、現在認められている中生代全体の大陸配置と比較することにより、恐竜進化史において、地殻変動の影響による全体的な兆候が出現するかどうかを探し出す試みがなされている。

恐竜の化石記録の不完全さに起因する避けられない「雑音」にもかかわらず、ジュラ紀中期、ジュラ紀後期、白亜紀前期の合間に出現する、統計的に有意な一致パターンが見出せた。これは、地殻変動のイベントが、推測どおりに、いつどこで特定の恐竜グループが繁栄するかを決める役割を担っていることを示唆している。さらには、ほかの化石生物の層序的・地理的分布にもこの影響は残されていた。生物の全体的な進化史は、地殻変動イベントの影響を受けており、その証拠は今日もわれわれとともにあるのだ。ある意味では、これは目新しいことではない。南北アメリカとオーストラリアにしか分布していないという有袋類の分布と、現在では遠く離れたこれらの地域が、それぞれ独特の生物相と植物相を持っているという事実を、私は指摘しておきたい。この新しい研究は、われわれが推測していたよりはるかに的確に、動物たちの分布を歴史的理由から追うことができるかもしれないのだ。

（訳注9）仮定の一番少ないもの、説明の単純なものがもっともらしいという原則に基づいた、生物の系統などを推定する手法。
（訳注10）近年ではパキケファロサウルス類の「頭突き」は、頭同士をぶつける以外に、相手のお腹に当てていたという説もある。

第5章
恐竜と温血

恐竜研究の多くの分野は、純粋に科学的関心を持つ人に留まらず、多くの人々の注目を集めている。このような現象は、ほかの分野ではほとんど見られない。おそらく、一般の人々の想像力をかきたてるような恐竜の魅力によって、この普遍的な興味が生じているのだろう。以降の章では、われわれが恐竜の生物学的な謎を明らかにするために用いてきた情報の種類や手法の多様さを解説しよう。

恐竜は温血か冷血か、それとも生暖かい血液だったのか?

1章で見たように、リチャード・オーウェンは「恐竜」という言葉を創造したとき、恐竜の生理についても推測していた。彼の学術報告の最後にある、長々と続く文章から一部を引用しよう。

恐竜は、……陸上生活に適応していた……いまは、温血の動物と特徴づけられる（現生の哺乳類や鳥類のように）、……と結論づけられるだろう……（オーウェン、1842年：204ページ）

オーウェンの意見に影響を受けて、クリスタルパレス公園の恐竜は「哺乳類」のように復元されたが、彼が示唆していた生物学的評価は、当時のほかの研究者には決して理解されなかった。ある意味では、オーウェンの洞察力のある考え方は、合理的な三段論法によって抑えられてしまった。すなわち、恐竜は爬虫類的な構造を持つ、それゆえ、ウロコに覆われた皮膚があり、卵を産み、そしてほかの爬虫類と同様に「冷血動物」（外温性）であるとされてしまったのだ。

それから約50年後、トーマス・ハクスレーはオーウェンと同じように、現生鳥類と、最も初期の鳥類として知られている始祖鳥、そして新たに発見された小さな獣脚類コンプソグナトゥスの骨学的な類似性を示すことによって、鳥類と恐竜は近縁な関係に違いないと提唱した。彼は次のように結論づけている。

……*Dromaeus*（エミュー）とコンプソグナトゥス（恐竜）の完全に中間の生物を想像することは難しいことではない……鳥綱は恐竜類をその祖先に持つという仮説を想像することも難しいことではない……（ハクスレー、1868年：365ページ）

もしハクスレーが正しければ、次の問いかけが可能となるだろう——恐竜は生理学的には、従来から言われるように爬虫類なのだろうか？　それとも、「温血」（内温性）の鳥類により近い生物なのだろうか？　当時、このような疑問に答える確かな手法はないように思われた。

このような知的な「煽動」にもかかわらず、古生物学者たちがこの根本的な疑問を明らかにするべく、大きな決意を持ってデータを探しはじめたのは、ハクスレーの論文から100年近く経ってからだった。このテーマへの関心を呼び戻すきっかけとなったのは、化石記録を解釈するための、より広範囲でより総合的な研究計画——2章で概要を説明した進化古生物学である——の採択への反響である。われわれはすでに、いくつかの幅広い観察によって、ロバート・バッカーがどのように恐竜の内温性を考察してきたかを見てきた。ここではバッカーの主張とほかの主張を、より詳細に比較してみよう。

新しい手法：気候から生理を推測できるか？

過去の気候を復元するのに、化石がどの程度使えるかを研究する試みがなされてきた。哺乳類や鳥類のような内温性の動物は、赤道から極地方までどこにでも分布していることから、気候変動のよい指標とはならないことが広く知られている。内温性の動物が持つ体温を維持する生理と、外気から体を断熱する巧みな方法は、厳しい気候状況でも、おおよその独立性を維持することを可能にしているからだ。一方で、トカゲ、ヘビ、ワニのような外温性の動物の体温は周囲の気候状況に依存しており、その結果、より温暖な気候帯で見つかる傾向にある。

化石記録内で内温性動物と外温性動物の地理的分布を検討するにあたり、この手法を用いることは有効であるが、さまざまな興味深い疑問も生じてくる。たとえば、ペルム紀と三畳紀に生息した、内温性哺乳類の進化の中間的な段階にあった祖先はどうだったのだろうか？　彼らもまた体温を調節することができていたのか？　もし彼らが調節できていたなら、それは地理的分布にどのように影響していただろうか？　さらには、恐竜は地理的に広範囲に分布したように見えるが、これは恐竜が、内温性動物のように体温を調整できたことを意味するのだろうか？

化石記録に見るパターン

恐竜の内温性に関するバッカーの研究手法の基盤にあるのは、中生代初期に生息した動物種の遷移のパターンである。三畳紀が終わるまでの期間、陸上で最も繁栄した動物は単弓類（哺乳類が含まれる脊推動物の一群）であった。

三畳紀の終わりからジュラ紀のはじまりにかかる時期（2億500万年前）になり、最初の、「真の」哺乳類が地上に出現した。原初の哺乳類は、トガリネズミのような小さい動物だった。三畳紀後半はまた、最初の恐竜が出現した時期（約2億2500万年前）でもあった。三畳紀とジュラ紀の境目を越えて、恐竜は広く分布し、多様化し、陸上生物相の主要なグループとなっていった。少数で小さい夜行性の哺乳類と、体が大きく、多様化して増えていった恐竜という生態的なバランスは、6500万年前の白亜紀末まで1億6000万年間続いた。

現在生きている動物たちを見れば、哺乳類と鳥類が最も多様化した陸上脊椎動物であることにすぐ気づくだろう。哺乳類はすばやく、知性的で、一般的に高い適応能力を持っており、今日では「成功」した動物であるが、それは生理状態のおかげだと考えられている。哺乳類が持つ高い基礎代謝は、体温を高く、一定に保つことにつながっている。また、体内では複雑な化学反応が行われ、相対的に大きな脳を持つため活動性が高く、内温性である。それに対して爬虫類は、多様性が低く、きわめて直接的に気候変化の影響を受けることが観察からわかっている。低い代謝率や、外気温に頼って体温を保つための生化学的反応、活動レベルがより低く断続的であることなどの証拠から、爬虫類は外温性動物であると結論づけられる。

このような総合的な観察結果を、化石記録に重ね合わせることができそうだ。すべての条件が同じだとすると、爬虫類が優勢であった三畳紀とジュラ紀境界の時期に出現した真の哺乳類が、進化的に急激に発展し、後の多様化の口火を切ったと推定できるだろう。そうであれば、哺乳類の化石記録は、ジュラ紀初期から哺乳類が中生代の生態系で完全に優勢となるまでの間に急激に多様化し、量も豊富になると予想される。しかし、化石記録にはまったく反対のパターンが見られた。爬虫類である恐竜が、三畳紀後期（2億2000万年前）に優勢となり、哺乳類は白亜紀末（6500万年前）に恐竜が絶滅してから、体格の向上と多様化がはじまったようなのだ。

この直観に反した観察結果に対して、バッカーは、恐竜が哺乳類と比べて進化的に成功したのは、彼らが内温性のような高い基礎代謝率を持ち、同時代の哺乳類と同じくらい活動的で、機知に富んでいたからであると説明した。恐竜が活発な内温性動物であったはずだということは、バッカーにとっては自明の真実だった。ただ、化石記録に見られるパターンは確かに明らかだが、彼にとっての「真実」を科学的に証明するには、さらなるテストや整理が必要だった。

四肢、頭、心臓、そして肺

恐竜は支柱のような脚を、体の真下に向けて垂直に伸ばしている。現生生物でこのような姿勢をとるものは鳥類と哺乳類だけで、ほかはすべて脚を横に出す「腹這い」の姿勢である。また、恐竜の多くはほっそりした脚を持っており、すばやく動くことができる。ここで、「自然は必要のないことはしない」傾向にあるという事実のもとに論じてみよう。もし動物が速く走ることができるようにつくられているなら、おそらく速く走ったのだろう。そのような動物であれば、活動的な「原動力」、すなわち内温性の生理を持ち、速く動くことができると簡単に推測できる。しかし、ここはもう少し慎重になる必要がある。なぜなら、非常にすばやく動ける外温性動物もいるからだ。たとえば、ワニやコモドドラゴンは人間よりも速く走り、不注意な人間を捕まえることすらできるのである！　重要なのは、ワニやコモドドラゴンは速く走り続けることができないということである——彼らの筋肉は大量の酸素をすぐに消費し、そのため、筋肉を回復させるために休まなくてはいけない。それに対して内温性動物は、より長い間、速く動き続けることができる。高圧に耐える血管系と、筋肉にすばやく酸素を供給する効果的な肺を持っているからである。

この議論を一歩進めると、二足歩行は内温性動物だけが持つ能力だと推定できる——哺乳類の多くとすべての鳥類、そして、恐竜の多くが二足歩行性のためである。この主張は、二足歩行の姿勢のみだけでなく、どのようにその姿勢を維持するかにも関係している。四足歩行時の姿勢が比較的安定しているのに対して、二足歩行は不安定である。二足でうまく歩くためには、運動系のバランスをモニターする、高度に発達した神経系に加えて、すばやく制御するシステム（脳と中枢神経系）や、バランスを修正し維持する筋肉のすばやい反応が重要である。

脳はこの動的な「問題」の中心であり、すばやく効率的に働くための能力を持っていなくてはならない。これは、脳で起こる化学反応がつねに最適になるように、体から絶え間なく酸素や栄養素や熱が供給される必要があることを暗示している。この種の安定性のための前提条件は、「揺るぎない」内温性の生理である。外温性動物は、たとえば寒くなったときには定期的に活動レベルを停止し、脳へ供給する栄養素の量を減らす。その結果として、体全体の機能の統合性や複雑性が低下する。

姿勢に関する観察結果には、心臓の影響と、高い活動レベルの持続可能性に関係するものもある。鳥類、哺乳類、恐竜の多くは体を起こした姿勢をとり、頭は心臓よりかなり高い位置に保たれる。このように頭と心臓が違う高さにあることは、流体静力学的に見て重大な結果をもたらす。頭を心臓より高い位置に保つためには、脳まで高い圧力で血液を押し出す力がなくてはならない。同時に、拍動とともに心臓から肺へと送り出される血液は低圧で循環するので、脳へ送るのと同じ圧力では、肺の繊細な毛細血管が破裂してしまうかもしれない。このように異なる血圧を使い分けるために、哺乳類と鳥類では、心臓が物理的に真ん中で区分けされており、その結果、心臓の左側（脳と体に向かう系）は高い圧力で動き、右側（肺に向かう系）は低い圧力で動くようになっている。

すべての現生爬虫類の頭の位置は、ほとんど心臓と同じ高さである。循環系と呼吸系で血圧が異なる必要がないので、爬虫類の心臓は哺乳類や鳥類のように区分けされていない。不思議なことに、その心臓と血液循環のメカニズムは、爬虫類にとってはメリットがある。彼らは哺乳類にはできない方法で体中に血液を分けて流すことができるのである。たとえば、外温性動物は長い時間日光浴をして体温を上げている。日光浴の間、彼らは優先的に血液を皮膚に送って、太陽熱温水器のセントラルヒーティング管を通る水のように熱を吸収するのである。このシステムの難点は、血液を高血圧で循環できないことである――高い活動性を持ち、激しく働く筋肉に酸素と栄養を供給する必要がある動物にとって、高血圧は欠かせない特徴である。

ここまで検討してきたすべての事柄から、恐竜はその姿勢から高血圧の循環系を持っており、現生生物では内温性動物にのみ確認される、高く持続的な活動レベルと対応していると評価できる。この包括的かつ詳細な一連の考察により、リチャード・オーウェンの先見的な推測は、はっきりと支持された。

心臓と循環系の効率性は、高いレベルの有酸素運動を実現する、筋肉への効果的な酸素の供

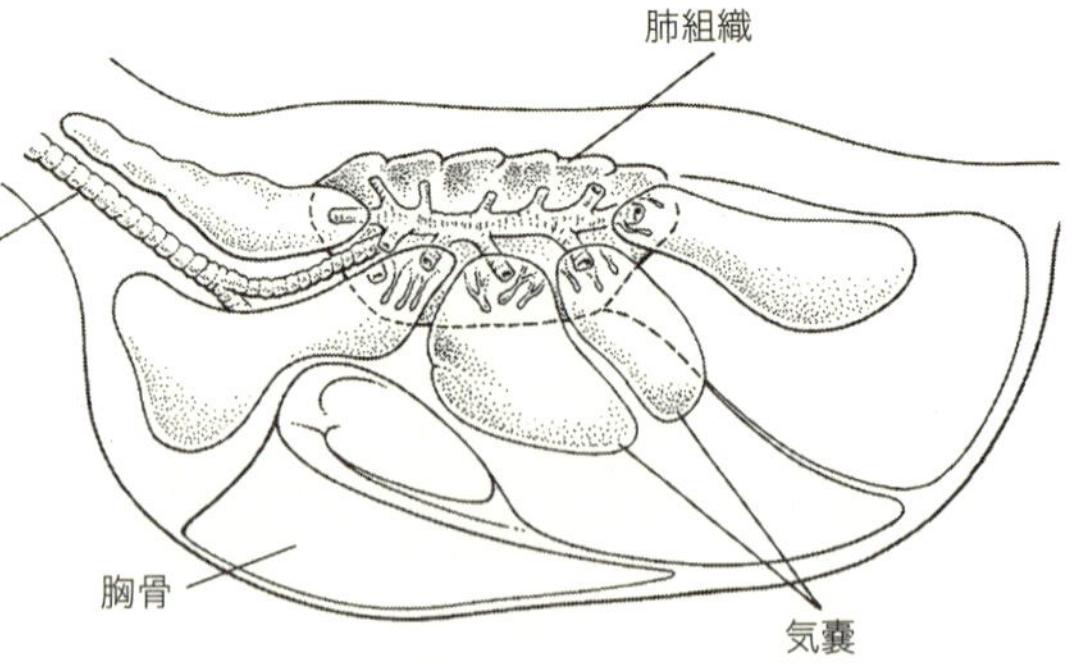

図33　鳥類の気嚢は，高効率の呼吸系をもたらす．

給能力と深く結びついていると考えられる。恐竜のいくつかのグループ、とくに獣脚類と巨大な竜脚形類には、肺の構造と機能に関係する解剖学的な手がかりがある。竜盤類に属する両者には、背骨の椎体の両側に、「プレウロコエルス（pleurocoels）」とよばれる穴やくぼみがある。これは、それだけではとくに注意を引くようなものには見えない――しかし、現生鳥類にはこれによく似た構造があり、彼らはそこに大きな気嚢を有しているのだ。気嚢はふいごのようなメカニズムで働く器官で、これにより鳥類は効率よく呼吸をすることができる。これが、竜盤類恐竜が鳥類のような、非常に効率のよい肺を持っていたという確からしい理由である。

この観察結果は、いくつかの恐竜（獣脚類と竜脚形類）の有酸素能力が高かったという主張を支持する。しかし同時に、すべての恐竜（竜盤類と鳥盤類）が同一の生理的メカニズムを有していたわけではない、という可能性も考慮すべきだろう。鳥盤類には、気嚢のシステムがまだ見つかっていないのだ。

恐竜の知能と脳のサイズ

続く議論は、恐竜全体にとって普遍的なものではないものの、何種かの恐竜に何ができたのかを示すという意味では有益である。その古典的な例が、ジョン・オストロムが発見したドロマエオサウルス類の恐竜、デイノニクスである（図29）。2章でまとめたように、この恐竜は大きな目をもった捕食者で、脚や全身の構造から見て速く走れたことは明らかである。また、デイノニクスは固く細い尾を持ち、後肢の内側の指には蹴爪《けづめ》のようなつま先があり、手には長く鋭い爪があって、物を握ることもできる。この恐竜が追跡型の捕食者だったと推定するのは容易である。その細い尾でバランスをとり（尾を左右に振ることで方向転換がすばやくできただろう）、獲物に飛びつき、後肢の爪を用いて襲ったと考えられる。われわれはデイノニクスが動いているところを見ることは決してできないが、このシナリオは骨格の特徴の観察に基づいており、モンゴルで見つかった化石によっても支持されている。

モンゴルで見つかった化石は、プロトケラトプスという小さな植物食の角竜と、ヴェロキラプトルとよばれるデイノニクスに近縁な恐竜が一緒になって見つかったものだった。この奇妙な化石は、死闘をくり広げていた二つの動物の姿をそのまま残している。彼らは、たがいに戦っている間に砂嵐に巻き込まれ、窒息死したのだろう。ヴェロキラプトルは長い腕を使って相手に組みついており、プロトケラトプスの喉元を蹴っている状態で保存されている。

以上のような「洗練された」デザインと、そこから推測される機能や生活様式から、恐竜が現生の内温性動物と同等の高い活動レベルにあったことが強く示唆される。

恐竜の二足歩行能力に関する議論で見られる主張への反応として、哺乳類と鳥類の脳は巨大であるため、両者とも知性的な行動を示す、というものがある。それに対して、外温性動物である爬虫類の脳は小さく、一般に知的な能力があるとは思われていない（これは、われわれが広めてしまったフィクションの一つだ）。しかし、全体的な脳のサイズと内温性については、総合的な関係性が示されている。大きな脳は非常に複雑な構造をしており、効率的に機能するためには安定した温度と、酸素や栄養の定期的な供給を必要とする。外温性の爬虫類は脳に効率よく酸素と栄養を運ぶことができるが、体温は24時間周期で変動するため、結果として発達した大きな脳に必要なものを供給し続けることはできない。

伝統的には、恐竜は知力に欠けるということで悪名が高い（ステゴサウルスの脳がクルミ大ということが、この典型的な例として紹介されがちである）。しかし、シカゴ大学のジム・ホプソンは、この間違った視点を修正した。ホプソンの研究によると、恐竜も含めたさまざまな動物における脳容量と体容量の関係を比較した結果、ほとんどの恐竜では、身体に対する脳の大きさが典型的な爬虫類と同等であることがわかった。しかし中には、予想外に大きな脳を持つものもいた——もうきっと驚かないと思うが、それは、活動性の高い二足歩行の獣脚類であった。

経度から見た分布

本章のはじめに、恐竜の生理学的状態を追求する動機の一つが、恐竜の分布図をつくることにあると述べた。近年の報告で、南極やオーストラリア大陸だけでなく、北アメリカ大陸のユーコン地域にも恐竜がいたことがわかっている。この地域は、白亜紀当時も極地方にあったと考えられ、極地方の環境で生きていた恐竜は内温性だったに違いないと考えられる。今日では、このような高緯度の地域に、外温性の陸上脊椎動物は生息できない。

しかし、注意深く考察すると、観察結果に最初の考えほどの説得力はない。植物の化石記録からは、白亜紀の極地方に、中緯度から亜熱帯の植生も見られたと推定される。これらの植物はこの種類にはめずらしく、冬の日照不足と低温に反応して、季節性落葉を起こす。白亜紀当時に極地方が氷床に覆われていたという証拠はなく、高緯度であっても、少なくとも夏の間であれば気温はほぼ安定していたと考えられている。このような状況のもと、植物食恐竜は、季節ごとに豊富な食料を求めて南北を移動していた可能性が高い。つまり、高緯度地方から中生代の恐竜化石が発見されるのは、極地方に住んでいた恐竜というよりは、彼らの季節移動の影響によるものだろう。

生態学的な検討

中生代の集団構成を評価したことは、バッカーによる恐竜の生理学の研究の中で、最も斬新な提案だった。この考えはとても単純で、内温性動物と外温性動物はそれぞれ生きていくために必要な食物の量が異なり、その量は内温性でも外温性でも、基本的な「ランニングコスト」に影響を受けているというものである。哺乳類や鳥類のような内温性動物では、食べた食物のほとんど（約80パーセント）が体温を上げるのに使われるので、ランニングコストは高くなる。それに対して外温性動物では、体温を上げるのに使われるのはごくわずかなので、はるかに少ない食料で済む。外温性動物が必要とする食料は、同じぐらいの大きさの内温性動物の10パーセント程度か、ときにはそれよりも少ない量で済む。

バッカーはこの観察結果と、自然界の「経済活動」が需要と供給のバランスを保つ方向に進むという理解に基づき、化石集団の個体数調査によって捕食者と被食者のバランス、そして、その生理学がわかるかもしれないと提案した。彼は必要なデータを集めるために、博物館のコレクションを徹底的に調査した。得られたデータには、古生代の爬虫類と中生代の恐竜、そして新生代の哺乳類の集団が含まれていた。彼が得た結果は有望なものに見えた――古生代の爬虫類の集団は、捕食者と被食者がほぼ同数であったのに対して、中生代の恐竜および新生代の哺乳類の集団では、被食者が圧倒的に多く、捕食者の数は非常に少なかったことがわかった。

バッカーの研究結果は当初、学術界で好意的に受け入れられたが、現在では大元のデータの値に少なからぬ疑問点があることがわかっている。捕食者と被食者の数の推定に博物館のコレクションを使うのは、曖昧さを伴うことである。数えた動物たちが一緒に生きていたかどうかを示す証拠はなく、その推定を行ったときに集められた（もしくは集められなかった）という点では大きなバイアスがある。そして、あらゆる仮定は捕食者が何を食べたか（食べないか）に基づいており、何らかの生物学的な兆候があったとしても、それは捕食者だけに当てはまるものだろう。そのうえ、現生する外温性の捕食者とその被食者からなる集団の研究では、捕食者数は被食者数の10パーセント程度であることが明らかとなっている――これはバッカーが算出した、内温性動物と見られる集団での数字とよく似ている。

データから科学的に意味のある結果が得られなかったために、不幸にもすばらしい着想が支持されなかったことの好例である。

骨の組織学

恐竜の骨の内部構造を詳しく理解することに、多くの研究者の目が向けられてきた。普通、恐竜の骨組織の構造は、化石化による影響を受けない。そのため、骨の薄片をつくって観察することで、骨の内部構造（組織学）が鮮明にわかることがよくある。これまでの研究から、恐竜の骨の内部構造は、現生する外温性動物よりも、内温性の哺乳類と非常によく似ていることが示唆された。

一般論として、哺乳類や恐竜の骨は高度に脈管化しており、非常に空隙が多い。それに対して、外温性動物の骨はあまり脈管化していない。このような高度な脈管化は、さまざまな方法で起こり得る。たとえば、線維性の層板構造は非常に急速な骨成長によって生成し、ハバース管は個体の成長後期に起こる、骨を強化する再構築の過程で形成される。

このように、多くの恐竜の化石には、恐竜が急成長したことと、骨の内部再生によって骨を強化できたことの証拠があると言える。恐竜の化石には時々、成長パターンに周期的な中断が見られるが（現生爬虫類の骨にもよく似たパターンが見られる）、このような成長様式は決して一般的ではない。また、めずらしい例ではあるが、内温性動物でも（哺乳類・鳥類いずれも）骨にほとんど脈管がない場合があり、一方で現生外温性動物の骨格の一部に、高度に脈管化した骨を含む場合もある。驚くべきことに、動物の生理学と骨の内部構造の関係ははっきりしていないのである。

恐竜の生理学：概観

ここまで、恐竜の代謝を研究するために用いられたさまざまな手法について説明してきた。ロバート・バッカーは、ジュラ紀前期の陸上で、哺乳類が恐竜にとって代わられたことに対して疑問を持たない立場をとった。彼は、そのような状況は、彼の想定する「優勢な」内温性の哺乳類に、恐竜が競合できる場合にのみ説明がつくと主張した。それはすなわち、恐竜が内温性動物である証拠である、としたのだ。果たしてこれは本当だろうか？　答えは、じつは「ノー」である……そうとは限らないのだ。

三畳紀が終わり、ジュラ紀がはじまろうとしている頃、地球は、われわれ人類のような哺乳類にとっては、居心地のよい環境ではなかった。当時のパンゲアの大部分は、季節的ではあるが全域に乾燥していたために、砂漠が世界的に広がろうとしていた。このような高温・少雨の環境下で、内温性動物と外温性動物はそれぞれ異なる代謝方法を選択した。

上述したように、外温性動物は内温性動物よりも食料が少なくて済み、生物学的生産性が低いときでも生き延びることができる。爬虫類のウロコは、砂漠のような乾燥した環境で、水分が蒸発するのを防ぐことができる。また、排尿の代わりに、鳥の糞に似た、水分の少ない糊のようなものを排泄する。外温性動物は、体内の化学反応で最適な体温を比較的容易に維持できるので、外気温の高さにも適応できる。一般に、典型的な爬虫類のような外温性動物は、砂漠のような状況によく適応できると推測できる。

哺乳類などの内温性動物は、高温下では生理学的なストレスを受ける。哺乳類は通常、体から外部へ熱が放出できるようになっており（体温調節機能によって、一般的な外気温よりも平均的に高くなるよう体温を保っている）、それにより生理機能を調整する。寒くなると、哺乳類は体温が逃げないように、毛を逆立てて空気を取り込むことで断熱効果を高めたり、「震えること」によって筋肉の温度を急激に上げたり、基礎代謝率を高めたりする。一方、気温が高い状況下では、致命的な高熱を避けるために、外部へ熱を逃がすことが必要不可欠である。数少ない冷却手段の一つが蒸発冷却であり、体表からの発汗か、浅速呼吸（息切れのような速い呼吸）によって行う。いずれの過程でも、大量の水分が体から失われる。砂漠のような環境では水の供給が不足するため、水分を失うことは生命にかかわる。さらに、哺乳類は排尿によって老廃物を体外へ排出するが、これによっても水分も失うことになる。熱の負荷と水分喪失の問題に加えて、哺乳類は内温性の生理機能を維持するために、大量の栄養を必要とする。砂漠は生産性が低い地域のため食料供給は制限されており、内温性動物が大きな集団を維持するのは困難である。

このように環境面から見ると、おそらく三畳紀後期とジュラ紀前期の地球は厳しい環境だった。当時は外温性動物に適した環境であり、初期の哺乳類は体格が小さく、おもに夜行性の生活に制限されていた。今日の砂漠に生きる哺乳類も、ラクダのような優れた例外を除けば、ほぼすべて体が小さく、夜行性のウサギやげっ歯類のみである。彼らは、非常に暑い日中は砂の下に隠れており、夜になって気温が下がると外に出て、鋭い感覚を生かしてエサとなる虫を探すのである。

パンゲアが分裂をはじめ、浅海がその間に入り込んでくるようになると、三畳紀後期とジュラ紀前期の厳しい乾燥気候がゆるんでいった。全体的に気候は温暖で湿潤になっていき、このような環境は、幅広い緯度の地域に広がっていった。恐竜が生息した時代を通して、極域が氷で覆われたことがなかったことは強調すべきだろう。今日のわれわれが生きている地球のように、北極・南極の両方が氷で覆われ、緯度によって気候帯が細かく区切られているという環境は、地球の歴史から見ると普通ではない。比較的豊かだったジュラ紀の環境では生産性が劇的に増加し、当時大森林があった地域は、現在ではジュラ紀石炭鉱床として知られている。ジュラ紀を通じて、恐竜の生息域と多様性が急増したのも驚くべきことではない。

恐竜の生理学：独特のものか？

特筆すべきなのは恐竜が巨大な生物だということで、中型でも全長5〜10メートル程度、さらに大きなものもめずらしくない。これに対し、今日の哺乳類の平均サイズは、ネコや小さなイヌ程度と思われる。孵化直後を除けば、ネズミのような小さい恐竜がいなかったことは確かである。

ある状況下では、体が大きいことは有利に働く。中でも注目すべきなのは、大きな動物は熱を失いにくく、また外部から熱を得るのも、小さな動物に比べて非常にゆっくりになることである。たとえばワニの場合、成体は昼夜を通して体温を安定に保てるが、孵化したばかりだと昼夜の外気温の差が大きく影響し、そのまま体温の幅として表れてしまう。それゆえ、恐竜のように体が大きければ、それだけ時間帯による体温変化も小さくなる。体が大きいということはまた、自身の体重を支えるために、姿勢を維持する筋肉がより多く働くことにもつながる。この一定の筋肉の「仕事」は、重要な熱エネルギーを生み出す（これはわれわれ人間も同様で、筋肉トレーニング後には熱を「放出」している）。この熱が、体温を維持するのに役立つ。

体が大きいという利点に加え、本書でここまで見てきたように、敏捷さや、頭が胸より高い位置にある姿勢から見ても、多くの恐竜が完全に区画化された心臓を持つ可能性が高い。区画化された心臓があれば、体中に酸素や栄養素、熱をすばやく循環させると同時に、有害な老廃物を取り除くことができるだろう。また、竜盤類恐竜が鳥類に似た肺を持つという事実からは、有酸素運動のような激しい運動をしている間でも、十分な酸素を体中に供給できたことが想像できる。

これらの要因だけを考慮すれば、現生哺乳類や鳥類が持つ、内温性に関連する特性の多くを恐竜も持っていたと考えられる。さらに、恐竜は基本的には大きな動物で、それゆえ熱的には比較的不活発だった。そして彼らは、世界的に温暖で、季節のない安定した気候の時代に生きていた。

恐竜は中生代に広がっていた独特の気候の中で繁栄した、生物学的に見て理想的な後継者と言えそうだ。この時点では、これまでの議論が確信的なものに見えるかもしれない。しかし、まだもう一つ、述べるべき重要な話題がある。それは、ここ数年間で登場した、恐竜と鳥類の密接な関係を示す重要な証拠についてである。

第6章
もし……鳥が恐竜だとしたら？

1970年代のジョン・オストロムの見事な研究の後、恐竜と鳥類の関係を示す解剖学的証拠は、いまやドロマエオサウルス類が初期鳥類に進化するまでの各段階を詳細に復元できるまでになっている。

コンプソグナトゥスなどの小さな初期の獣脚類は、爪のある手や歯のある顎、長く固い尾という、恐竜の明らかな特徴を持っていた。しかしそれと同時に、長く華奢な脚、長い首、そして小さな頭に大きく前を向いた目といった、鳥類のような特徴も持っていた。

ドロマエオサウルス類獣脚類

このように鳥類に似た特徴を持つ恐竜には、獣脚類の基本的なボディプランから変化した、興味深い解剖学的特徴がいくつもある。変化にはほんのわずかなものから、かなり大きなものまである。

目立った特徴の一つは、尾が「細く」なることである。尾はとても細くなり、長く薄い骨でしっかりと固められ、腰の近くでしか動かすことができなくなっている（図16a）。これまで論じてきたように、恐竜の薄く柱のような尾は、すばやく動いて逃げる獲物を捕まえる際に、動的な安定装置として使われていたと考えられている。しかし、このタイプの尾は、上半身の筋肉のバランサーとしてはもはや重さが足りないため、この種の獣脚類の姿勢を劇的に変化させた。もしそのまま姿勢が変わらなければ、このような恐竜はアンバランスになってしまい、絶えず鼻先が揺れていただろう！

尾が軽くなってしまったことを補うため、これらの獣脚類の体は巧妙に変化した。恥骨は腸に最も近いところにある骨で、獣脚類では通常、寛骨臼《かんこつきゅう》（腰の穴）から前下方に伸びているが、これらの恐竜では後ろ向きに伸びていき、結果として、骨盤をともに構成する坐骨と平行に、後下方に向かって伸びるようになった。このような向きの変化によって、腸とその随伴器官は後ろ側に移動し、骨盤の下に位置するようになった。この変化は体の重心を後ろに移動させ、重いバランサーとしての尾がなくなったのを補った。この骨盤の恥骨が後ろ向きになる配置は、ドロマエオサウルス類だけでなく、化石鳥類や、現生鳥類にも見られるものである。

バランサーの役割を果たす尾の消失を補填するもう一つの方法は、骨盤より前の胸部を短くすることであり、これも鳥類に似た獣脚類に見られる。その結果、胸部は堅牢になる傾向となり、捕食行動にも影響を及ぼしたと考えられる。長い腕と三本爪の手は、獲物を捕まえるのに重要であり、そのためには力強いものでなければならなかった。獲物を捕まえる際の大きな力に腕や肩が耐えるには、胸部にしっかりと固定されている必要があったことは間違いない。鳥類もまた短く堅牢な胸部を持っているが、これは飛ぶのに必要な、大きな筋肉を支える場所となっているためである。

胸部の前側の、両肩の間にはV字形の骨（癒合した鎖骨、このような状態を「叉骨」と呼ぶ。図17）がある。これは、両肩を分けるバネのようなスペーサーとして機能し、また、獲物を捕える際には両肩を固定する機能を果たした。鳥類もまた、癒合した鎖骨を持っている。鳥類では長く伸びて「叉骨」とよばれるようになり、羽ばたく際に両肩の関節を分けるバネのように働く。

手首関節の骨も変化し、その結果、外側と下側にスイングすることができるようになった。この掻くような動きは、獲物を攻撃する速さと力を向上させただろう。また、この変化によって、腕を使わないときは体の近くに縮めておくことができた。このしくみは、これらの動物にとって相当の利点にもなった。なぜなら、このメカニズムを作動する腕の筋肉が胸部付近に位置することになり、（腕に沿ってさらに筋肉をつけるのではなく）腕から手に伸びる長い腱によって操作するためである。この遠隔操作システムは、体の重心を骨盤近くから動かさず、体のバランスの問題を最小限にするのに役立つ。腕を伸ばしたり縮めたりするメカニズムは、鳥類が飛行の前後で、羽根を開いたり閉じたりするしくみと似ている。

始祖鳥

初期の鳥類の化石、始祖鳥（図16b）には、ドロマエオサウルス類に共通する特徴が多くある。長い尾はとても細い脊椎からなり、両側に尾羽がつながっている。恥骨は後下方に向いており、胸の前にはブーメラン状の叉骨がある。鳥類に典型的なクチバシではなく、小さな鋭い歯の生えた顎を持つ。腕は長く、獣脚類のように伸ばしたりたたんだりでき、爪のある三本指の手はドロマエオサウルス類とすぐわかるような形をしている。

始祖鳥の標本は、特別な環境下で化石として保存されており、精巧な配列の風切り羽の痕跡が見られる。翼と、尾の両側に生えていた羽毛が、この動物が鳥類であると決定づけた——羽毛は鳥類に固有の特徴とみなされていたので、疑いもなく分類が示唆されたのだ。このことが、始祖鳥がなぜ重要な化石の一つとされるか、また、なぜ比較対象として焦点が当てられるかの理由である。もし羽毛が保存されていなければ、この動物はどのように分類されてきたの

図34　始祖鳥の生体復元図.

だろうか――とても小さなドロマエオサウルス類だと、近年であれば再記載されていたかもしれない。

中国の不思議な恐竜たち

１９９０年代、中国北東部の遼寧《りょうねい》省の調査から、非常にめずらしく、かつ並外れて保存状態のよい白亜紀前期の化石が見つかりはじめた。最初に発見されたのは、孔子鳥(*Confuciusornis*)のような初期鳥類が美しく保存されている化石で、骨格には羽毛や爪、クチバシの痕跡も含まれていた。１９９６年には、よく知られた獣脚類、コンプソグナトゥス（図14）に姿形や骨学的特徴がとてもよく似た、小さな獣脚類の完全な骨格が見つかり、季強と姫書安によって記載された。この恐竜はシノサウロプテリクス（*Sinosauropteryx*）と名づけられた。シノサウロプテリクスは、背骨沿いや全身に繊維状構造の房があり、粗い目のカーペットの「パイル織り」に似たものが皮膚を覆っていたことが示唆され、注目を集めた。また、眼窩と腸のあたりには、軟組織が存在していた証拠もあった。以上のことから、小型の獣脚類が、何らかの構造物で体が覆われていたことが明らかとなった。これらの発見をきっかけに、このような化石が遼寧省でさらに発見されるようになり、そして発見は規則的に増加しはじめ、ついに驚くべき新事実をもたらした。

シノサウロプテリクスの発見の直後に、もう一つ別の骨格が発見された。プロトアーケオプテリクス（*Protoarchaeopteryx*）と名づけられたこの恐竜は、尾と体の両脇に沿って、本当に鳥のような羽毛が生えていた証拠を示した最初の化石であり、その骨学的特徴は、シノサウロプテリクスよりもドロマエオサウルス類に似ていた。さらに別の発見からは、ヴェロキラプトルに非常によく似た動物の存在が明らかになり、シノルニトサウルス（*Sinornithosaurus*）と名づけられた。この動物も、短い繊維状の「パイル織り」で体を覆われていた。新たな発見はさらに続き、七面鳥ほどの大きさで前肢が短く、大きな房状の羽毛がついた尾と、短い羽毛の生えた腕が特徴的なカウディプテリクス（*Caudipteryx*）や、より小さく、多くの羽毛が生えているドロマエオサウルス類、そして2003年の春には、真に注目に値する「四翼」のドロマエオサウルス類、ミクロラプトル（*Microraptor*）が発見された。ミクロラプトルは小さく、古典的なドロマエオサウルス類に似た恐竜で、典型的な長く細い尾や、鳥類に似た恥骨、物をつかめる長い腕、そして鋭い歯が並んだ顎を持っていた。尾には初列風切羽がついており、体は綿毛で覆われていた。しかし、非常に印象的なのは、始祖鳥の翼のような風切羽を腕に持っていたことと、似たような翼の房が、後肢の先にもついていたことである。これが「四翼」の意味である。

遼寧省では、このように短期間で驚くべき発見がなだれのように続いたので、次に何が発見されるか、想像すらできないような状況だった。

鳥類、獣脚類、そして恐竜の生理学の疑問

遼寧省での驚くべき新発見は、恐竜の生物学と生理学についての初期の議論には重要な貢献をしたが、残念ながら期待するほど多くの質問に答えてはいない。

最大の成果は、1800年代の研究者たちの考えに反し、羽毛は鳥類だけのものではなかったと明らかになったことだった。獣脚類恐竜の多くが、皮膚を覆うさまざまな種類の構造物を持っていることが明らかとなっており、毛羽立った繊維状のものから、綿毛のようなもの、体を覆う羽毛のようなもの、そして完全な風切羽や大羽まである。遼寧省の発見を見ていると、

このような体を覆うさまざまな構造物は、もしかすると獣脚類だけではなく、ほかの恐竜のグループにすらあったのではないかという考えが生じてくる。体を覆う構造物を持つ恐竜の系統上の分布を考えると、たとえそれが幼体のときだけであったとしても、あの巨大なティラノサウルス・レックス(シノサウロプテリクスに近縁な獣脚類)に羽毛があった可能性も否定はできない。現時点では、このような興味深い疑問に答えることはできない。遼寧省の化石産地と地質学的に似た堆積物から、新しい発見がなされることが期待される。

ジュラ紀から白亜紀にかけて、今日われわれが鳥類と認識する、飛行能力が高度に発達している動物と、多様化した羽毛獣脚類が共生していたことは明らかである。始祖鳥はジュラ紀後期(1億5500万年前)に生きていて、明確な羽毛を持ち、初期の鳥類とされている。しかしわれわれは、より新しい白亜紀(約1億2000万年前)に、ミクロラプトルのような「ダイノバード」とでもよぶべき生物の多様な仲間が、真の鳥類と一緒に生きていたことが確かなのを知っている。この「ダイノバード」は生物学的にあまりにも多様で、現生する真の鳥類の進化的な起源を不明瞭にしている。

しかし、生理学的な観点から見ると、断熱的な構造物で覆われた獣脚類が存在したことの証明から、(少なくとも)これらの恐竜は優れた内温性動物だったという事実が得られる。これを信じるに足る理由は二つある。

（1）これらの羽毛恐竜の多くは体が小さい（20〜40センチメートル）。すでに見てきたように、小さな動物は相対的に大きな表面積を持ち、体温が外部へ急速に放出されてしまう。それゆえ繊維状構造物（現生哺乳類の体を覆う毛皮のようなもの）と綿羽から得られる断熱性は、これらの動物が体温を保持するのに必要だったと考えられる。

（2）それと同時に、皮膚の断熱構造物があると、日光浴をするのが難しくなる。断熱構造物によって、太陽から熱を得ることが妨げられるからである。日光浴は、外温性動物にとって体温を得る重要な手段であり、羽毛を持ったトカゲは生物学的に存在し得ない。

恐竜から鳥類へ：進化的な解釈

これらの新発見が持つ意味合いは本当に魅力的である。すでに論理的に議論されているように、小さな獣脚類は高い活動性を持ち、すばやく動き、生物学的に「洗練された」動物だった。基本的に、彼らは内温性動物であった可能性があるように見え、ある意味で彼らの生活様式に対する推測は、内温性から多くの利益を得ているように考えられる。遼寧省の発見からも、これらの活動性の高い鳥類のような恐竜は、小さな動物であったことが確認された。これは重要なことで、体サイズが小さいほど、内温性に大きな生理学的負荷が加わる。なぜなら、体温のほとんどが皮膚表面を通して失われてしまうからである。そのため小さく活動的な内温性動物は、熱の放出を減らすために、体表に断熱性構造が必要となると考えられる。小さな獣脚類恐竜は内温性動物だったために、熱の消失を避けるよう、羽毛を進化させたのだ――羽毛を得たのは「鳥になりたかったから」ではないのである！

遼寧省の発見は、通常の恐竜が持つウロコ状の皮膚がわずかに変化することによって、毛のような繊維状構造物から完全な羽毛まで、さまざまな種類の断熱性構造物が発達したことを示唆している。飛ぶための優れた羽毛は、当初から飛行を目的に進化したのではなく、発端は平凡なものだったのだ。遼寧省で見つかったさまざまな「ダイノバード」は、尾の先に扇のような羽毛の房があり、頭部や腕、背中に沿っても羽毛の房を持っている。体の各部のどの羽毛が、どのようにして保存されたかについては、明らかな保存のバイアスが働いた可能性がある。しかし、少なくとも羽毛は、これらの動物の行動と関係した構造として進化したとも考えられる。識別信号として、あるいは現生鳥類のように求愛行動の道具として羽毛が用いられていたのかもしれず、羽毛に優れた飛行能力が付加されるより前からの機能だったのかもしれない。

このように考えると、滑空や飛行は鳥類起源の「必須条件」ではなく、後に「追加」された利点と言える。明らかに、羽毛には空気力学的に利用できる潜在能力がある。現生鳥類と同じように、飛び上がって羽ばたく能力は、おそらく「ダイノバード」の求愛行動を演出していただろう。たとえば、ミクロラプトルの場合、四肢と尾の羽毛の房の組み合わせは、樹上程度の高さから空中に飛び出す能力があったことを示している。この観点からは、滑空と本当の羽ばたき飛行との隔たりは、われわれが考える以上に小さいように思える。

なかなか解決しない問題

しかしわれわれは、このシナリオに夢中になるべきではない。遼寧省での発見は、確かに非常に重要で、白亜紀の恐竜と鳥類の進化を詳細に知るきっかけとなったが、必ずしもすべての答えを示しているわけではない。覚えておかなくてはいけないのは、遼寧省の発掘地は白亜紀前期であり、それゆえそこから見つかった化石は羽毛恐竜であり、複雑で高度に発達した翼を持つ、最も初期の鳥類とされる始祖鳥よりも（少なくとも3000万年）新しいということだ。最初の飛ぶ恐竜や、鳥類の進化に向かうものが何でも、遼寧省で見つかったような羽毛恐竜を経由したわけではない。遼寧省でわれわれが見ているものは、鳥類型獣脚類と真の鳥類の進化的多様性の一コマにすぎず、鳥類の起源を見ているわけではないのだ。鳥類の起源は、地球上で始祖鳥が羽ばたく前の、ジュラ紀前期、もしくは中期の堆積物の中にまだ隠れている。初期の鳥類と獣脚類の間に近縁な類縁関係があったことはわかっているが、しかし、始祖鳥の祖先であったジュラ紀前期、もしくは中期の獣脚類についてはまだ発見されていないのだ。この物語を満たす、驚くべき発見が近い将来になされることを期待している。

地球史において恐竜は、真の内温性のようなコストをあまりかけずに体温を維持できた、巨大で高い活動性を持った動物である、という見方で5章は締めくくった。しかし、遼寧省からの「ダイノバード」は、この見方が間違いだった可能性を示唆した。小さく断熱性に優れた獣脚類は内温性だったはずで、内温性動物である鳥類と獣脚類が近縁であることはその証拠の一つと言える。

これに対する私の意見は、賛成でもあり、反対でもある。いまや、鳥類のような獣脚類が、本当の意味での内温性であったことに何の疑問もない。しかし私は、ほかの多くの恐竜たちが慣性恒温性動物だった（彼らの巨大な体サイズが、体温を一定に保つことを可能にした）という主張もまた考慮すべきだと思う。この見方を支持する証拠が、現生する内温性動物でいくつか見つかっている。たとえば、ゾウはネズミより代謝率が低い。ネズミは小さく、外部へ熱が急速に放出されるため、熱の消失を補うためには高い代謝率でなければならない。ゾウは巨大で（恐竜と同程度）、内温性だけに頼らずとも、その体サイズによって一定の体温を保つことができる。大きな動物が、部分的にであっても内温性であることは、生理学的に見て挑戦的である。たとえば、ゾウがすばやく動き回ろうとすると、問題に直面する。彼らの姿勢筋と四肢の筋は、化学反応により大量の熱を生み出すのだ。そのため彼らは大きく平らな耳を用いて、オーバーヒートしないように、その熱を急激に放出するのである。

恐竜は非常に巨大だったため、彼らの体は、ゾウのように一定の体温を保持できていたと思われる。これが、恐竜が真の内温性動物でなくてもよい理由であり、さらに当時の地球はとても暖かかったのである。生理学的に見て慣性恒温性動物に進化して巨大になる傾向にあった恐竜の中で、その流れに逆らって小さな体に進化した唯一のグループがドロマエオサウルス類だったのだろう。

解剖学的特徴からも、ドロマエオサウルス類が高い活動性を持ち、恒温性からの利益を得て、彼らの比較的大きな脳が一定の酸素と栄養を必要としたことは明らかである。逆に言えば、断熱性構造がなければ、小さな体サイズでは恒温性を保持することができない。なぜなら、皮膚からは熱が逃げていくからである。選択は明確で単純である。小さな獣脚類に示された選択肢は、高い活動性による生活様式を捨てて従来どおりの爬虫類となるか、体熱の生産を引き上げて、皮膚の断熱性を高め、その熱を逃がさないようにした内温性動物になるかのどちらかであった。私は、すべての恐竜が同一の生理システムを有していたわけではない、と主張したい。多くの恐竜は基本的に恒温性で、哺乳類や鳥類のような内温性のコストを払わなくても高い活動レベルを維持できていた。一方で、小さな獣脚類、とくにドロマエオサウルス類、そして彼らの子孫である鳥類は、断熱性構造物とともに完全な内温性を発達させたのである。

第7章
恐竜の研究：観察と演繹

この章では、化石動物の生涯を理解するには数多くの手法を用いる必要があるということを、さまざまな研究の事例を通じて紹介する。

恐竜の足跡学

恐竜研究には探偵のような側面もあるのだが、それに何より該当するのは、おそらく足跡の学問である「足跡学」だろう。

探偵学の分野において、足跡を追跡する技ほど、非常に重要にもかかわらず無視されているものはない。（コナン・ドイル、『緋色の研究』１８９１年）

恐竜の足跡の研究には、驚くほど長い歴史がある。最初期に収集・展示されたものの一例は、1802年に米国・マサチューセッツ州で、プリニー・ムーディーという若者が畑仕事をしているときに発見したものだ。最終的にこの足跡化石は、1836年にエドワード・ヒッチコックによって、ほかに見つかった大きな三本指の足跡とともに、巨大な鳥の足跡として記載された。これらは現在も、アマースト大学のプラット博物館で見ることができる。19世紀半ば以降、世界中のあらゆる場所から、定期的に足跡化石は見つかってきた。恐竜の解剖学の理解が進み、とくに彼らの四肢の形態がわかってくるにつれて、中生代の地層から見つかる大きな「鳥のような」三本指の足跡は、巨大な鳥類のものではなく、恐竜のものだということが理解されてきた。一部の分野を除けば、このような足跡が大きな科学的価値を持つとはみなされにくい。しかし近年では、コロラド大学デンバー校のマーティン・ロックレーの研究によって、足跡に多くの情報が含まれることが広く評価されはじめている。

まず最も明らかなことだが、保存されている足跡化石は「生きている」恐竜の活動の記録である。個々の足跡は足の外形と指の数を記録しており、もし恐竜の骨格が、足跡の近くにある同時代の岩石から発見された場合、それは足跡をつけた動物を知る手がかりとなることが多い。個々の足跡そのものも興味深いが、それに加えて連続した足跡は、実際にその動物がどのように行動していたかの記録となる。それは、どのように足を地面につけていたか、どのくらいの歩幅か、そしてどのくらい左右の脚の間に幅があったかを明らかにし、機械的にはどのように脚を動かしていたかの復元が可能になる。さらに、さまざまな現生動物のデータと比較することにより、足跡をつけた動物が、どのくらいの速さで移動していたかも推測できる。この推定は、足跡のサイズと歩幅を計測し、脚の推定長を求めることで算出される。後者は一見すると、高い精度での評価が難しく見えるかもしれないが、足跡は実物大であるため、現生動物と比較すれば非常によい指針となるし、中には足跡の持ち主である恐竜の骨格や脚の骨が見つかっている例もある。

個々の足跡の形状からも、その動物がどのように移動していたのかを推測できる可能性がある。比較的平らで広い足跡は、足裏全体が長い時間地面と接していたことを示し、ゆっくりと歩いていたことが示唆される。一方、つま先だけが地面に接しているものは、その動物が跳ねるように移動していたことを示唆している。

もう一つ、恐竜の足跡に関して興味深いのは、足跡が完全に保存されたときの環境である。足跡は固い地面には保存されないため、比較的軟らかく湿潤な、泥のようなものでできた場所が必要である。次に、一度足跡がついたら、凝固するまで乱されないことが重要である。太陽に足跡の表面が焼かれて硬くなるか、急な雨に含まれる無機物によって足跡の表層にセメントのようなものできるかしたうえで、足跡が新しい泥の層にすばやく埋まれば、乱れずに保存される。多くの場合、恐竜が足跡を残したときの状況を、足跡のついた堆積物の細部から正確に推定することが可能である。これは、動物の足によって泥が乱れた程度や、どのように足が深く堆積物中に沈んでいったのか、また、足の動きに対してどのように泥が動いたのかによって変わり得る。時々、足跡の前後の堆積物の状況から、動物が坂を単純に上り下りしているように見えることがある。恐竜が残した足跡はそれゆえ、恐竜がどのように移動していたかだけではなく、どのような環境で移動していたのかについても多くの情報をもたらすのである。

足跡研究からはまた、恐竜の行動も明らかにすることができる。まれに、複数の恐竜の足跡化石が発見されることがある。有名な例は、米国・テキサス州のグレンローズにあるパラクシー川に記録され、ローランド・T・バードという有名な足跡ハンターによって発見された足跡化石である。このサイトには二つの平行な足跡が残っており、一つは巨大なアパトサウルス類のもの、もう一つは巨大な肉食恐竜のものである。この足跡化石では、アパトサウルス類の足跡を、巨大な肉食恐竜の足跡が覆っているようにみえる。足跡が交差しているところで一つの足跡が消えており、バードは攻撃した地点だと推定した。しかしロックレーは、足跡化石サイトの地図から、多くのアパトサウルス類がこの襲撃地点と思われる箇所を超えて歩き続けていることを示し、大きな獣脚類がアパトサウルス類に続いているものの（いくつかの足跡はアパトサウルス類の上に重なっている）、「格闘」の証拠はないとした。彼は、おそらく捕食者は単純に、安全な距離をとって、獲物の後をついていっただけだろうと推察した。より説得力があるものは、テキサス州のダベンポート・ランチで、バードによって観察された足跡である。ここで彼は、同じ時に同じ方向に向かって歩く、23体のアパトサウルスのような竜脚類の足跡を記録することができた（図35）。この化石は、ある種の恐竜は群れで移動することを強く示唆している。群れで移動するか否かは、恐竜の骨格からは絶対に推定できない。しかし、足跡化石はその直接の証拠を示せるのである。

近年、恐竜の足跡研究への関心が増したことで、興味深い研究手法が生まれる可能性も増えている。恐竜の足跡化石はしばしば、恐竜の骨格化石が見つからないような場所からも見つかっており、足跡化石は化石記録にあるギャップを埋める役割も果たしている。恐竜の足跡化石の特性を考慮することから生まれる、興味深い地質学的な考え方もまた広がっている。竜脚形類（さきほど言及したアパトサウルス類など）の巨大なものは、その体重が一生の中で20〜40トンにまで達する。このような動物は、歩くときに巨大な力を地面にかけている。底質が軟らかいと、このような恐竜の四肢からの圧力によって、地表から1メートル以下の深いところまで地面が歪み、「アンダープリント」とよばれる、地表にある本当の足跡の複製ができる。もし一つの足跡から多くの「アンダープリント」が複製されるとすれば、恐竜の足跡の中には、

図35　平行に続く足跡は，竜脚類の群れが湿潤な低地を歩いていたときにつけられた．

化石記録中で大きな比率を占め、個体数が過剰に評価されているものもあるかもしれない——これが「アンダープリント」の恐ろしさである。

もしこのような巨大な動物の群れが、ダベンポート・ランチで確認されたようにある地域を踏み回れば、地下を乱す能力を持って地面を連続的にたたき、通常の堆積構造を破壊するだろう。最近になって理解されたこの現象は、「恐竜撹拌」と名づけられている。「恐竜撹拌」は地質現象だが、長期間にわたる計測ができるかわからないような恐竜の活動に関連した生物学的な影響も暗示している。それは、巨大な陸上生物の集団として恐竜がもたらした、進化的かつ生態的な衝撃の可能性である。巨大な恐竜の大きな群れが陸上を移動すれば、その地域の生態系を完全に破壊するかもしれない。われわれはゾウがアフリカのサバンナで木々を破壊し、かなりの損害を引き起こす可能性があることを知っている。これが40トンにもなるアパトサウルス類の群れだったらどうなるだろうか？　この破壊的な活動は、当時生きていたほかの動植物たちに影響を与えただろうか？　われわれはこのような長期間の衝撃を認識し、計測することができるだろうか？　そして、それは中生代の進化史の中で、どのぐらい重大な影響があったのだろうか？

糞石

古生物学の研究分野には、ロマンティックとはとても言えないものもある――恐竜のような動物の糞の研究である。糞石（coprolite：*copros*は「糞」、*lithos*は「石」の意）とよばれる物質の研究には、驚くほど長く、輝かしい歴史がある。糞の化石の重要性が認識されたのは、オックスフォード大学のウィリアム・バックランド（最初の恐竜、メガロサウルスを記載した人物）の研究までさかのぼる。バックランドは、19世紀前半に活躍した先駆的な地質学者であった。彼の生まれ故郷である英国・ドーセット州のライム・リージス周辺では多くの海棲爬虫類の化石が見つかっており、彼は地元で産出した化石や岩石の収集・研究に多くの時間を費やしてきた。これと同時にバックランドは、きれいにひねった形状のペブル（礫）についても数多く記述していた。より精密に分析するためペブルを破砕・研磨したところ、バックランドは、魚のウロコや骨、ベレムナイト（現在のイカ・タコの仲間の頭足類）の触手の突起などが集中して見つかることに気づいた。彼はこれらの石は、同じ岩石中から見つかる捕食爬虫類の排泄物が化石化したものだろうと結論づけた。一見不快なようにも思えるが、糞石の研究からは、かつて生きていた動物の食性に関する明らかな証拠が得られる可能性があるのだ。

糞石についても足跡と同様に、「誰のものなのか？」という愉快な問いかけが重要な問題として存在する。ときたま、脊椎動物化石（魚類など）の体内に糞石や腸の内容物が保存されていることがあるが、一般には特定の恐竜、もしくは恐竜のグループと糞石の関係を結びつけることは困難である。米国地質調査所のカレン・チンは糞石の研究が専門だが、ごく最近まで、並外れて困難な恐竜の糞石の識別に取り組んでいた。

1998年、チンの研究グループは『「キングサイズ」の獣脚類の糞石』というタイトルの論文を発表し、彼女たちの発見を報告した。問題の標本は、カナダ・サスカチュワン州の白亜紀最末期（マーストリヒチアン）の地層から発見されたこぶ状の物質で、40センチメートルを超す長さがあり、体積は2・5リットルほどだった。標本の内部や周囲には壊れた骨の破片があり、内部にも骨成分が砂状に細かくなったものがあった。この標本の化学分析からは、高濃度のカルシウムとリンが含まれ、標本内に骨成分が集積していることが確認された。また、破片の薄片の組織学分析では、骨細胞の構造と消化物に含まれる組織から、被食者が恐竜であったことが確認され、このことから、この標本は巨大な肉食恐竜の糞石であると考えられた。この地域の岩石からわかっている生物相で、この糞石のような糞を排泄する大きな動物といえば、巨大な獣脚類、ティラノサウルス・レックス（恐竜の「王様」）しかいない。糞石に保存されていた骨の破片の研究から、ティラノサウルスが口の中で獲物の骨を粉々に砕くことができたことがわかった。また、骨組織の切片に見られる構造から、獲物の多くは鳥盤類恐竜の角竜類の幼体だと考えられた。この糞石の中に未消化の骨が残っていたのは、食物が腸の中をかなりの速さで移動したためと考えられ、これはティラノサウルスが腹をすかせた内温性動物だったという証拠になり得るだろう。

恐竜の病理学

解剖学的特徴から考えると、ティラノサウルスが肉食性であることはそれほど意外でもない。しかし、ティラノサウルスの骨格からは、赤肉を多量に摂取することによる、興味深い病理学的所見も確認できる。

米国・シカゴのフィールド博物館に展示されている、「スー」という名の巨大な（おそらくメスの）ティラノサウルスは、たくさんの病理学的特徴があることで研究者たちの関心を集めている。ある指の骨（中手骨）には、第一指との関節部分に滑らかな丸い穴があり、古生物学者はもちろん、現代の病理学者も詳細な調査を行っている。古生物学者は、ほかのティラノサウルス類にも同様な損傷を見つけているが、それらは博物館のコレクションではきわめてまれである。病理学者は、現生爬虫類と鳥類の病理学との詳細な比較に基づいて、この損傷が痛風によるものであることを確かめた。人間でも知られているこの病気は、通常は手足を侵し、症状のある部位に炎症と腫れが生じ、非常に強い痛みを伴う。痛風は、関節部位に尿酸塩が沈着することによって引き起こされる。痛風の原因には脱水症状や腎疾患があるが、人間の場合は食性が影響し、プリン体（赤身の肉などに含まれる成分）を多く含む食物を摂取することによって発症する。ティラノサウルスが肉食であることは糞が証明しているが、その肉食のため病気に苦しんでもいたのである。

スーはまた、もっと普通の病理学的特徴も数多く示している。過去にケガをした紛れもない証拠があるのである。生きている間に骨が折れると、自己治癒能力によって修復される。現代の外科技術では、かなり正確に骨折した箇所をつなげることが可能だが、自然界では、骨折した骨の端は正確には自己修復せず、端同士の接する部位が固く膨らんでいく。このような修復過程の不完全さは、死後も骨格に目立った痕を残す。スーは、「彼女」が生きている間に、明らかにたくさんのケガをしていた。ある時、彼女は胸に大きな外傷を負った。肋骨が折れて治癒した痕があるのである。さらに、彼女の脊椎と尾にはたくさんの外傷があり、いずれも生きている間に治癒している。

これらの観察結果の驚くべき点は、ティラノサウルスのような動物が、病気やケガから生き延びていたということである。ティラノサウルスのような巨大な捕食動物は攻撃を受けやすく、一度ケガをすると、彼ら自身が捕食される危険性があったとも考えられる。（少なくともスーの場合は）これが起こらなかったということから、このような動物はとても丈夫で、それゆえ重傷であっても影響が小さかったこと、もしくは、この種の恐竜が、ケガをした個体を保護するような、社会性を持った集団をつくっていたことが示唆される。

ほかにも、多くの恐竜で知られる病理がある。たとえば、歯周膿瘍による破壊的な顎骨の損傷や、頭骨や骨格の各部位に見られる、敗血症性関節炎や慢性的骨髄炎の痕などである。また、小型の鳥脚類では、脚のケガがもとで病原菌に長期感染したという痛々しい例も残っている。この例では、部分的な骨格が、オーストラリア南東部の白亜紀前期の地層から発見された。後肢と恥骨がよく保存されていたが、左後肢の先の方が、かなり曲がっていて短かった（図36）。感染のもととなった原因を特定することはできないが、左後肢の脛のひざに近い部分を激しく噛まれたことが疑われる。結果として、化石の脛（脛骨と腓骨。図36の骨の、真ん中より少し上の部分）の部分は、巨大ででこぼこした、こぶ状の骨の塊によって覆われたのである。

この化石のX線分析から、もともとのケガの場所が感染し、局部的な感染が脛骨の髄腔から下っていき、部分的に骨が破壊されたことが明らかになった。感染が広がると、まるで、体が自身を支える「添え木」を生み出そうとするかのように、新たな骨組織が骨の外側に付加していったようだ。ただ、この動物の免疫系が感染の蔓延を防げなかったことは明らかであり、骨の鞘のようなものの内部には大きな腫瘍が形成され、膿みは脚の骨から漏れ出て、皮膚の表面にもあふれたに違いない。感染部位の周囲の骨の成長量から判断すると、この動物は、恐ろし

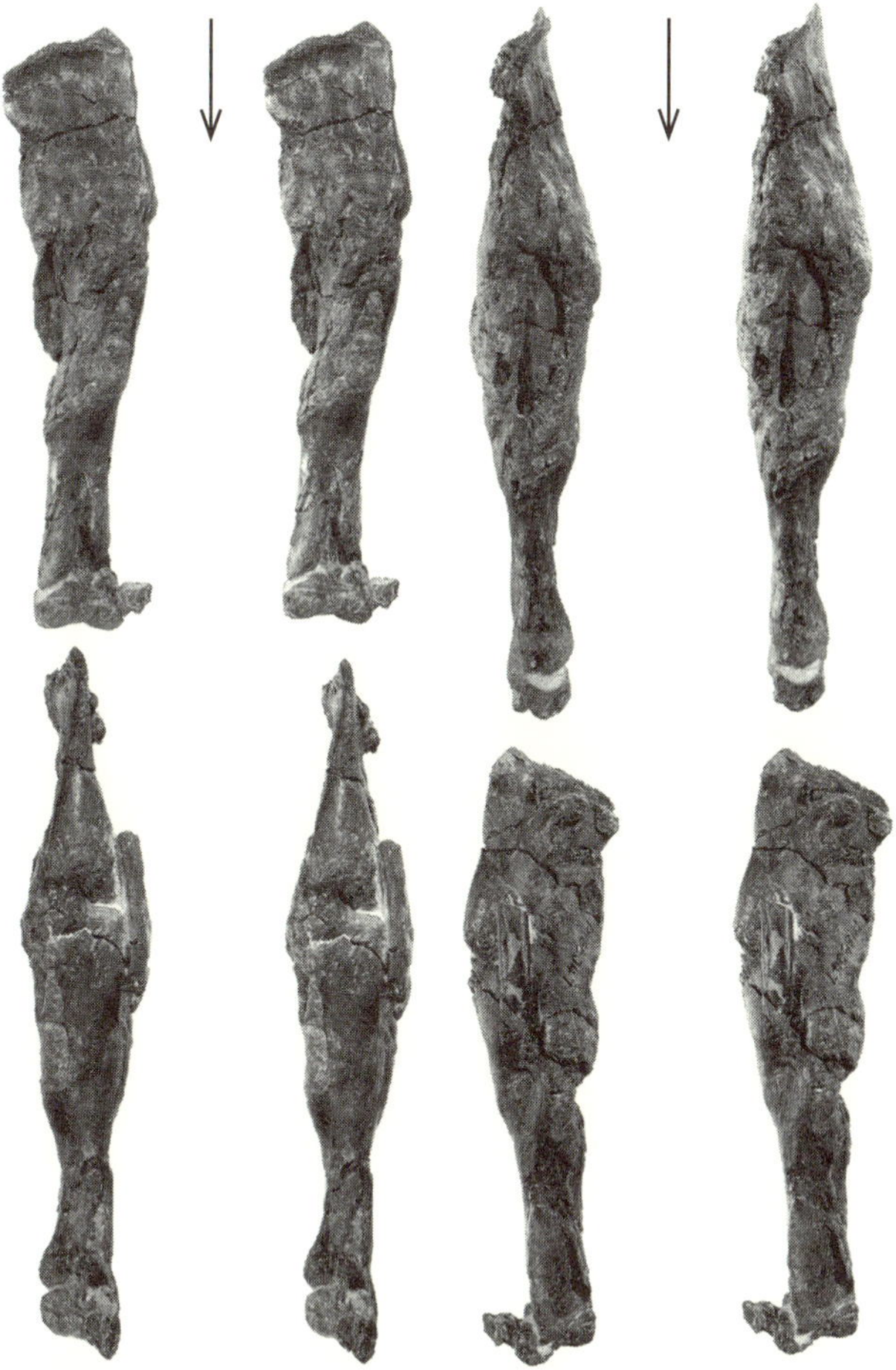

図36　感染症になった脛の骨の化石の立体写真．骨がひどく歪んでいる．
［訳注　立体写真の見方：４組の写真それぞれについて，紙面よりも遠くを眺めるように，左の写真は左目で，右の写真は右目で見る．すると，２枚の写真の間に立体的な像が浮き出てくる．矢印の上に白い紙を立ててみるとよい．］

く重度の傷に苦しみながら、そして（おそらくそれが原因で）死亡するまで、最大で1年くらいは生きていたと考えられる。保存されている骨格には、感染のほかに病理学的証拠はなかった。また、歯型もついておらず、骨も散乱していないことから、腐肉食者に食べられた形跡はないと思われる。

腫瘍のような痕跡が恐竜の骨に認められるのは、きわめてまれなことだ。また、恐竜に発生する癌の頻度を研究しようとするときの最たる欠点は、骨組織の切片をつくるために、恐竜の骨を破壊しなければならないことである——これは間違いなく、博物館の学芸員にとって耐えがたい行為である。近年、ブルース・ロスチャイルドは、X線と蛍光透視法を用いて、恐竜の骨をスキャンする技術を開発した。この技術を使えるのは直径28センチメートル以下の骨に限られるため、彼は恐竜の椎体を調査対象とした。多数の博物館のコレクションから集められた椎体の数は1万を超え、それによりほぼすべての恐竜のグループが網羅された。調査の結果、彼は、恐竜では癌がきわめてまれということ（0・2〜3・0パーセント未満）、そして、癌の発生がハドロサウルス類だけに限定されていることを明らかにした。

なぜ腫瘍の発生がそのように限定されているのかは謎である。ロスチャイルドの関心は、ハドロサウルス類の食性が癌に関連したのかもしれないという点に移った。ハドロサウルス類のめずらしい「ミイラ」化石の腸内残留物には、かなりの量の針葉樹の組織が含まれていた。針葉樹には、腫瘍を引き起こす成分が高濃度に含まれる。ハドロサウルス類の癌が遺伝的な性質によるものか、それとも（突然変異を誘発する食性によって）環境に誘導されたものか、ロスチャイルドの研究成果がどちらの説の証拠となり得るかは、現時点ではまったく不確かである。

同位体

地球化学分野では、酸素の放射性同位体、とくに安定同位体である酸素-16と酸素-18を用いた分析がよく行われる。海洋微生物の殻をつくる炭酸塩に含まれる酸素-16と酸素-18の割合から、古代の海水温、さらにはより大規模な気候変動も推定することができる。基本的に、この微生物の殻に含まれる酸素-18が酸素-16に比べて多い場合、その生物が生きていたときの古海水温は冷たかったと理解されている。

１９９０年代初頭、古生物学者のリース・バリックと地球化学者のウィリアム・シャワーズは、骨成分中のリン酸塩分子に含まれる酸素でも、同様の解析ができるかどうかを確かめた。彼らは最初に、ウシやトカゲなど、いくつかの既知の脊椎動物の骨格から、異なる部位（肋骨、四肢、尾）の標本を採取し、酸素同位体の割合を計測した。その結果、内温性哺乳類であるウシでは、四肢や尾の骨から得られた体温のデータにほとんど違いがなかった——当たりまえではあるが、ウシは一定の体温を保っていた。一方、トカゲでは肋骨に比べて尾の体温が2〜9度も低いという結果が出た。外温性動物では、体温分布を一定に保てず、体の中心よりも末端部で体温が低くなることが同位体比により示されたのだ。

バリックとシャワーズはその後、米国・モンタナ州で見つかった、保存状態のよいティラノサウルスの骨格を用いて、さまざまな部位で同様の分析を行った。肋骨、脚、つま先、そして尾の骨から採取した標本を分析したところ、各部位の酸素同位体の割合にはほとんど差がなく、体温が全身で一定である哺乳類と同じような結果が得られた。この結果から、恐竜がたんに恒温性動物というだけはなく、内温性動物でもあるという考えがますます後押しされた。彼らの最近の研究では、基本的な発見をさらに確かめるように、ハドロサウルス類も含むほかの恐竜まで観察対象を広げている。

よくあることだが、これらの結果は活発な議論を生み出した。まず、骨が化石化する過程で、同位体の反応が無意味になるような化学変化をしたのではないかという懸念があった。また、生理学に熱心な古生物学者たちは、決してこの結果に納得していなかった——同位体比により観察された恒温性は、恐竜の多くが巨大な慣性恒温性動物だったという考え（6章）とも矛盾しないため、内温性か外温性かの決定的な証拠にはならないからである。

いずれにせよ、この研究は間違いなく興味深いものであり、結果はまだ決定的ではないものの、さらなる研究が生まれるきっかけとなった。

恐竜研究：スキャンによる革命

技術の安定的な改良は、古生物学の疑問に答える可能性を持つだけでなく、近年、さまざまな分野で新たな証拠を見つけ出している。本章の後半では、そのようないくつかの事例を紹介する。そこに制限や落とし穴がないとは言えないが、10年前には夢にも思わなかったような疑問を投げかけられるかもしれない。

古生物学者が直面した、最も悩ましいジレンマの一つは、できるだけ新しい化石で多くの研究をしつつ、同時に標本への損害は最小限にしたいという欲求である。体内をX線で撮影する手法は、医学に多くの重要な意義をもたらした。データを高速処理するコンピューターの恩恵を受けて、CT（コンピューター断層撮影）とMRI（磁気共鳴映像法）が開発されると、医用画像処理技術が大きく発展し、三次元画像が得られるようになった。研究者は、診査手術をしないと見ることができなかったような人体の内部や、ほかの複雑な構造物を見ることが可能となった。

化石の内部を見るのにCTスキャンを用いるという選択肢は急速に広まっていった。この分野の中心人物の一人はティム・ロウといい、テキサス大学オースティン校には彼の研究チームがある。彼は化石専用の高解像度CTスキャンをセットアップし、次に紹介するように、非常に興味深い研究を進めている。

ハドロサウルス類の頭頂部の研究

CTスキャンを使用した研究の一つは、何種類かのハドロサウルス類の頭頂部に見られる、大きなトサカ状の骨の内部構造を調べることである。白亜紀後期に繁栄したハドロサウルス類の恐竜は、体つきは似ていたが頭頂部の形状が異なっており、この違いの理由は長い間謎のままだった。最初に「頭巾つき」の恐竜が記載されたのは1914年で、当時はその部位を、単純におもしろい、装飾的な特徴としてみなしていただけだった。しかし1920年になると、これらの「頭巾」(トサカ)が薄い鞘のような骨でできており、内部は複雑に入り組んだ管状だということが発見された。

1920年代以降、このトサカがなぜあるのかという目的を説明する理論が続出した。最も初期の考えは、このトサカは、大きな頭骨を支えるために、肩から首にかけての靭帯が付着する部分だというものだった。その後、武器、匂いを嗅ぐために発達した器官、性的な印(オスにはトサカがあるがメスは持っていない)などの説が登場したが、最も有力な説は、現生鳥類のような共鳴器官だったのではないかというものだった。1940年代になると、ハドロサウルスが水中生活をしていたという理論が優勢になったことから、彼らが水中にいる間、トサカが空気止めとして機能し、肺に水が入っていかないようにしていたという説も出てきた。

物理的に不可能、もしくは解剖学的証拠と一致しないという理由から、多くの奇妙な説は破棄された。トサカはおそらく、社会的もしくは性的に関連する機能をもっていたのではないかという意見が広がった。トサカは個々の種を、視覚的かつ社会的に識別するために用いられた可能性があり、さらにある種の精巧なトサカは、性的なアピールの目的で用いられたことに疑いはないと考えられる。一部のハドロサウルス類が持つ堅牢なトサカは、メスをめぐって争う、オス同士の戦いの中で頭突きするのに使われた。トサカ、あるいは顔の構造と関係する管状の部分は、共鳴器官としての機能を持っていたと考えられた。さらに、鳴き声の能力（今日では鳥類とワニで確認される）と、これらの恐竜の社会的行動には関係があると考えられた。

共鳴器官という理論に関する最大の問題の一つは、注意深く発掘された標本を破壊せずに、トサカ内部の空気の通り道を、詳細に復元できるかどうかである。CTスキャンはそのような解析を可能にした。たとえば、ハドロサウルス類でも非常に特徴的なトサカを持ったパラサウロロフス・ツビセン（*Parasaurolophus tubicen*）の新たな標本が、ニューメキシコの白亜紀後期の地層からいくつか発見された。頭骨はほぼ完全で、よく保存されており、長くカーブしたトサカを持っていた。頭骨長に沿ってCTスキャンされ、トサカそれ自体というよりも内部の空洞が復元できるよう、デジタル処理がなされた。コンピューターによる内部空隙の復元によって、非常に複雑な構造が明らかになった。そこでは、何本かの平行で細いチューブがトサカの中を曲がり、トロンボーンと同じような構造を形成していたのだ！　パラサウロロフスのような動物のトサカ内部の空洞は、彼らの鳴き声の一部を担う共鳴器官として働いていたことは、いまや疑いようのないこととなった。

軟組織：石の心臓？

１９９０年代後半、米国・サウスダコタ州の白亜紀後期の砂岩から、中型の鳥脚類の部分的な骨格が見つかった。骨格の一部はなくなっていたが、残されていた部分はきわめて保存状態がよく、通常は化石化の過程で失われる軟骨のような軟組織もまだ残っていた。この標本の最初のクリーニング作業の中で、胸の中央付近から、大きな鉄質のノジュール(11)が見つかった。この構造に興味をそそられた研究者は、動物病院の大きなＣＴスキャナーを用いて、この骨格の大部分をスキャンする許可を得た。その結果は興味深いものだった。

鉄質のノジュールは、独特の解剖学的な特徴を持っており、それはノジュールが見つかったすぐ近くの構造に関連するように見えた。研究者は、心臓や心臓近傍の血管を示す構造が、ノジュールに保存されたと解釈した。ノジュールは二つの部屋を示すように見え、研究者によってこれは心臓の心室と解釈された。その少し上側にはカーブした管状の構造があり、これは心臓から出て行く動脈の一つ、大動脈だとみなされた。このCTスキャンの結果をもとに、研究者たちは、恐竜は鳥類のように完全に区画化された心臓を持っており、それは、恐竜が一般的に高い活動性を持ち、有酸素運動を行う動物である（6章）という説を支持する証拠だと考えた。

1842年という早い時期に、リチャード・オーウェンは、恐竜やワニ、鳥類は相対的に効率のよい四つの部屋、つまり完全に区画化された心臓を持っているとすでに推測していた。これに基づけば、この発見はそれほど驚くべきことではない。むしろ驚くべきなのは、まれな化石化の状況を通じて、恐竜の心臓という、特定の軟組織の全体的な形態が保存されたと考えられることである。

軟組織の保存は、化石記録のいくつかの特異的な状況下で起こることが知られている。一般的には、軟組織の痕跡が保存されるような、泥や粘土などの細かい粒の堆積物の混合物に包まれることで起こる。また、軟組織やそれらが化学的に置換された残存物は、通常、酸素が欠乏した環境で化学的な沈殿が生じることによって保存される。上記の鳥脚類の骨格は、この二つのどちらでもない状況下で保存されていた。標本は荒い粒子の砂岩中から見つかり、また、酸素に富んだ環境だったので、地球化学的観点からすると軟組織の保存はこの状況では起こりにくいものだった。

当然のことながら、最初の研究者による観察は厳しく検証されることになった。鉄質のノジュールがこのような堆積物中で報告されることはめずらしくなく、恐竜の骨と関連して頻繁に見つかる。検証では、堆積物の状況や、この構造が保存されたとされる化学的環境、そして、心臓のように思われる特徴の解釈について議論された。現在もこの標本の評価はまだ定まっていない。しかし、異議はあるとしても、また、もしこれらの特徴がたんに鉄質ノジュールのものだったとしても、それらが心臓に似ていることはたぐいまれなことである。

偽の「ダイノバード」：法医学的な進化古生物学

1999年に雑誌「ナショナルジオグラフィック」に掲載された記事は、中国の遼寧省からの新発見に基づいた、恐竜と鳥類の近縁関係を強調したものだった。発見はアーケオラプトル(*Archaeoraptor*)と名づけられた、すばらしい標本によってもたらされ、その標本は恐竜と鳥類の間の「ダイノバード」のように見える、ほぼ完全な骨格だった。その動物は、鳥類によく似た翼と胸部の骨を持つ一方で、頭骨、後肢、長く固い尾など、獣脚類に似た特徴もまだ保持していた。

はじめのうちは「ナショナルジオグラフィック」誌も、この標本の発見を公開イベントを通じて祝福していた。しかし、標本はすぐに論争に巻き込まれることになった。その標本は中国から産出したものであるにもかかわらず、米国・アリゾナ州のツーソンで開催された化石フェアで、ユタにある博物館によって購入されていた。これはとても異常なことだった。中国政府は、科学的に価値のある化石はすべて、国外に出ないように保護しているからだ。

標本は、科学者たちの疑念の対象となった。獣脚類に似た後肢や尾と比較すると、上半身があまりにも鳥類に「似すぎて」いた。また、この標本が保存されていた石灰岩の表層も異常であり、小さな塊をたくさんの充填材で集めたような、敷石に似たもので構成されていた（図37）。その後すぐに、これはおそらく遼寧省で収集されたパーツを組み合わせてつくられた偽物だろうと宣言された。不穏な空気の中、ユタの博物館の学芸員は、中国の恐竜を研究している二人の古生物学者に連絡をとった。カナダ・アルバータ州のロイヤル・ティレル博物館のフィリップ・カリーと、中国・北京の徐星《シューシン》である。そしてテキサス大学のティム・ロウには、この化石のCTスキャンによる検証を依頼した。

あまりにも偶然だが、中国に戻った徐星は、あるドロマエオサウルス類獣脚類の骨格の大部分が含まれる、遼寧省の岩石片を見つけた。これを検証した結果、彼はこの標本の尾が、最近アーケオラプトルのものとして確認した尾の片割れであることを確信した。ワシントンに戻ると、徐星は「ナショナルジオグラフィック」のオフィスを訪ね、アーケオラプトルの標本に対

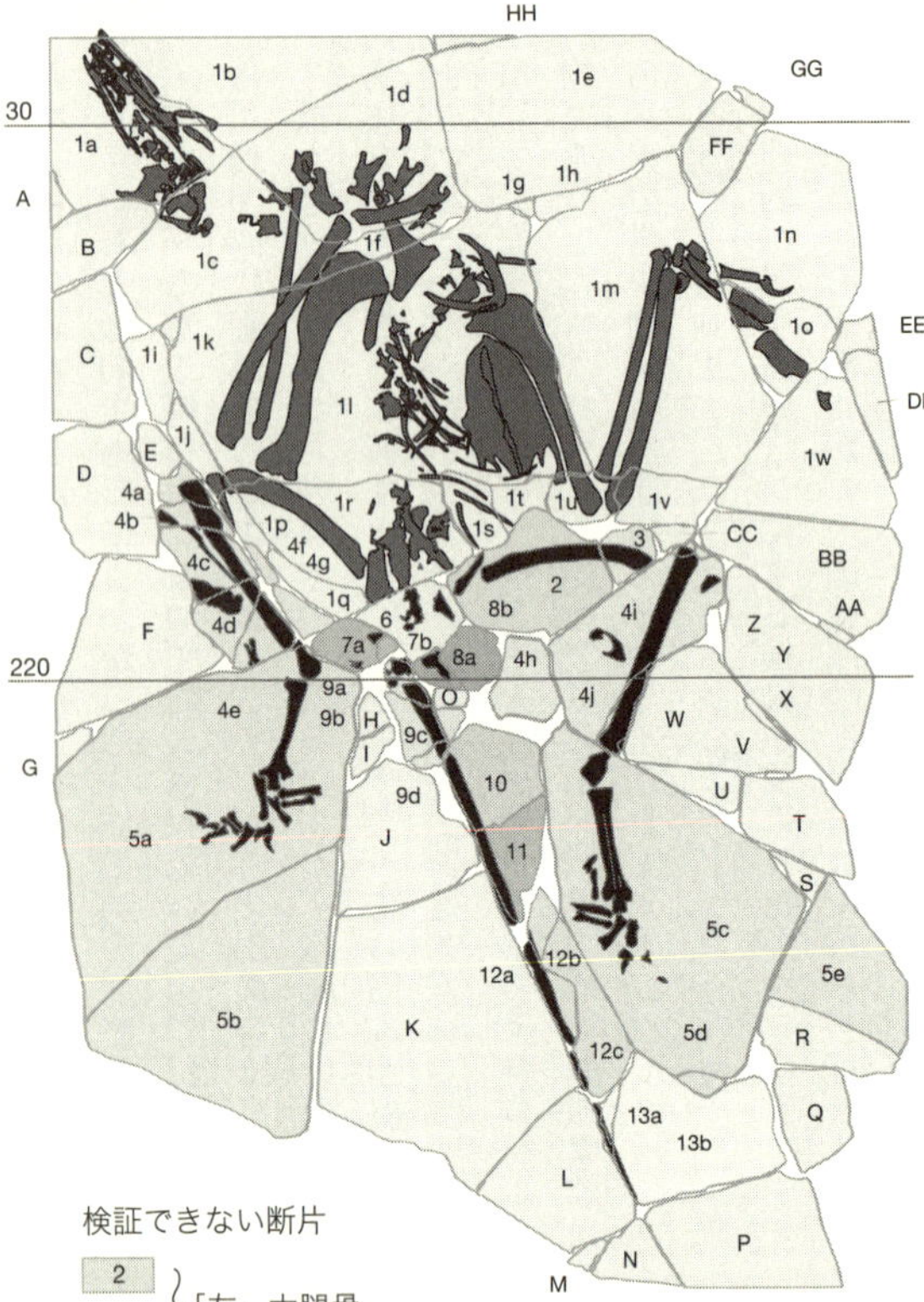

検証できない断片

2 3	「左」大腿骨
4a-j	「左右」の脛骨と腓骨 (本体と片割れ)
5a-e	「右」の足とかかと (本体と片割れ)
6 7a-b 8a-b	骨の断片
9a-d 10 11 12a-c 13a-b	ドロマエオサウルス類の 尾のパーツ
A-HH	詰め物

図37(b)　「アーケオラプトル」の岩石表面の図.

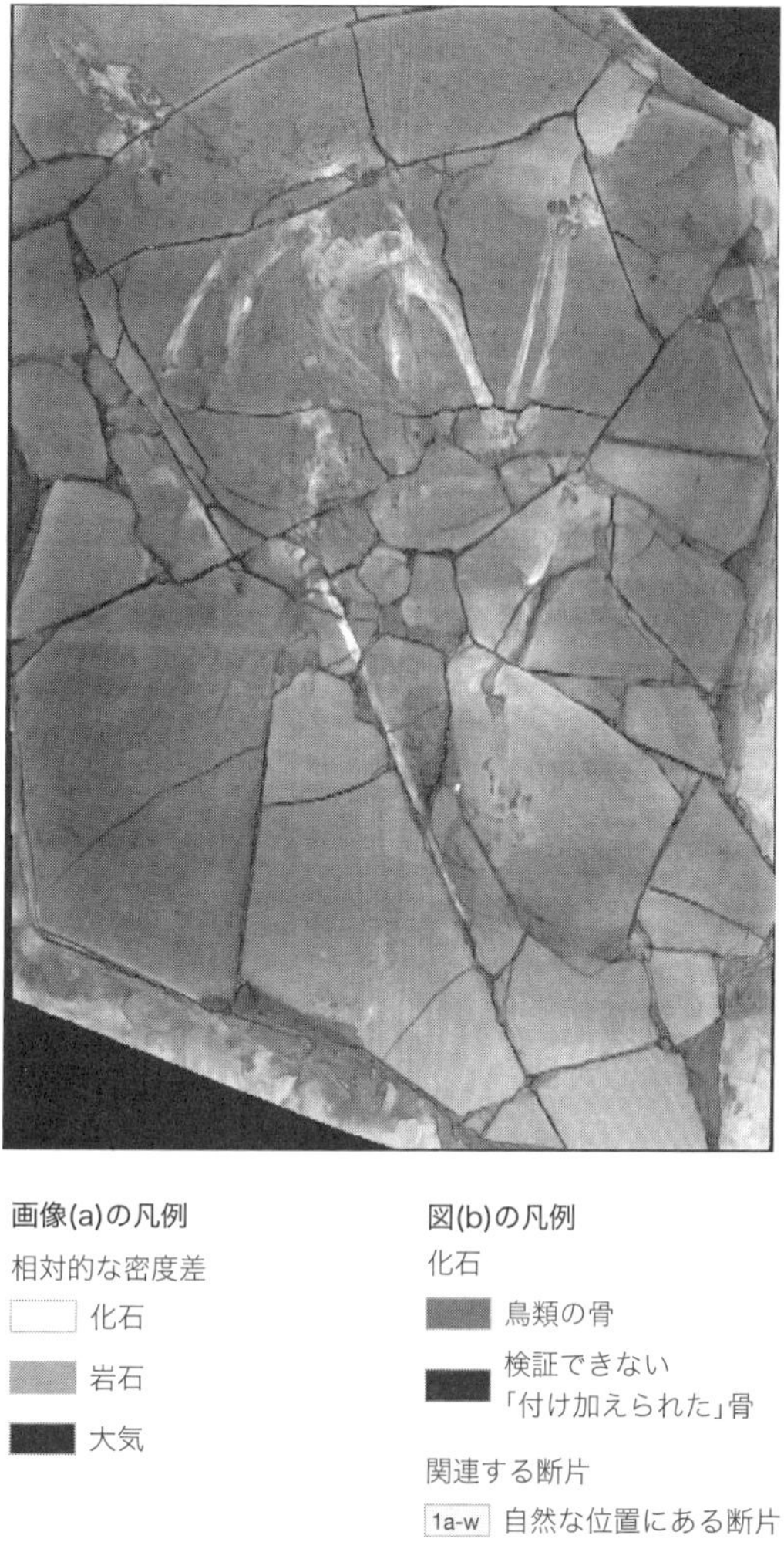

図37(a)　岩石の上の偽の化石，「アーケオラプトル」のＸ線画像．

して彼が発見した化石を示し、そして、大元のアーケオラプトルの化石が少なくとも二つの動物の合成でできていることに疑念の余地がないことを示した（上半身はより進化した鳥類のもので、下半身はドロマエオサウルス類のものだった）。

この警告を受けて、ロウはCTスキャンによる分析に取り組み、アーケオラプトルのスラブ（石などの板状のもの）を詳細に調べた。CTスキャンでは不正な化石と本物の化石を区別できないが、スラブのそれぞれの部分の高精度の三次元イメージによって、標本の各部位を正確に比較することができた。その結果、部分的な鳥類化石がスラブのおもな部分を占めていることが明らかになり、そこに獣脚類恐竜の後肢が付け加えられていた。さらにロウたちは、この化石にたった一本の後肢が使われていることを示した。化石の本体とその片割れは、左右の後肢をつくるために二つに分けられていたのだ！　最後に獣脚類の尾が付け加えられ、「絵」は完成した。そして、より視覚的に好ましい長方形に整えるために、敷石と詰め物が加えられた。

この劇的な発覚は、恐竜と鳥類の類縁性に関する議論には何の影響も与えなかった。そこからわかったのは、いくつかの悲しい事実だった。中国では、驚くようなすばらしい化石を発掘するのを、貧しい労働者が手伝っている。彼らは、解剖学の知識を十分に身につけ、また、科学者がどのような種類の生物を探しているのかを理解している。そして、このような化石の闇マーケットがあることも認識しており、もし彼らが、めずらしい化石を国外のディーラーに販売することができれば、彼らはよりよい見返りをうけることができるのだ。

恐竜の工学：アロサウルスはどのように食べるのか

ＣＴスキャンが古生物学の研究に、さまざまな助けをもたらしたことは明白である。ＣＴスキャンを用いれば、ほとんど魔法のように物体の内部を見ることができる。ＣＴスキャン画像を用いた革命的な手法が、ケンブリッジ大学のエミリー・レイフィールドたちによって開発された。ＣＴスキャン画像と、高性能なコンピューターソフトウェア、それにさまざまな生物学と古生物学の情報を用いると、恐竜の機能を現生動物のように解析することができるのだ。

ジュラ紀後期に生息したアロサウルス（図31）は、ティラノサウルスと同じように捕食者であり、当時のさまざまな獲物を襲って食べていたと考えられていることが広く知られている。時々、化石からは歯型やかじった痕が見つかるが、これらがアロサウルスの顎に整列した歯によるものであるとわかれば、アロサウルスがその犯人である「証拠」となり得る。しかし、このような証拠から何がわかるだろうか？　実際には、これだけでは期待するような情報を得ることはできない。歯の痕がその動物の死後に腐肉食者によって残されたものか、それとも、本当に捕食者によって残されたものなのかを、われわれは判断することができない。同様に、ア

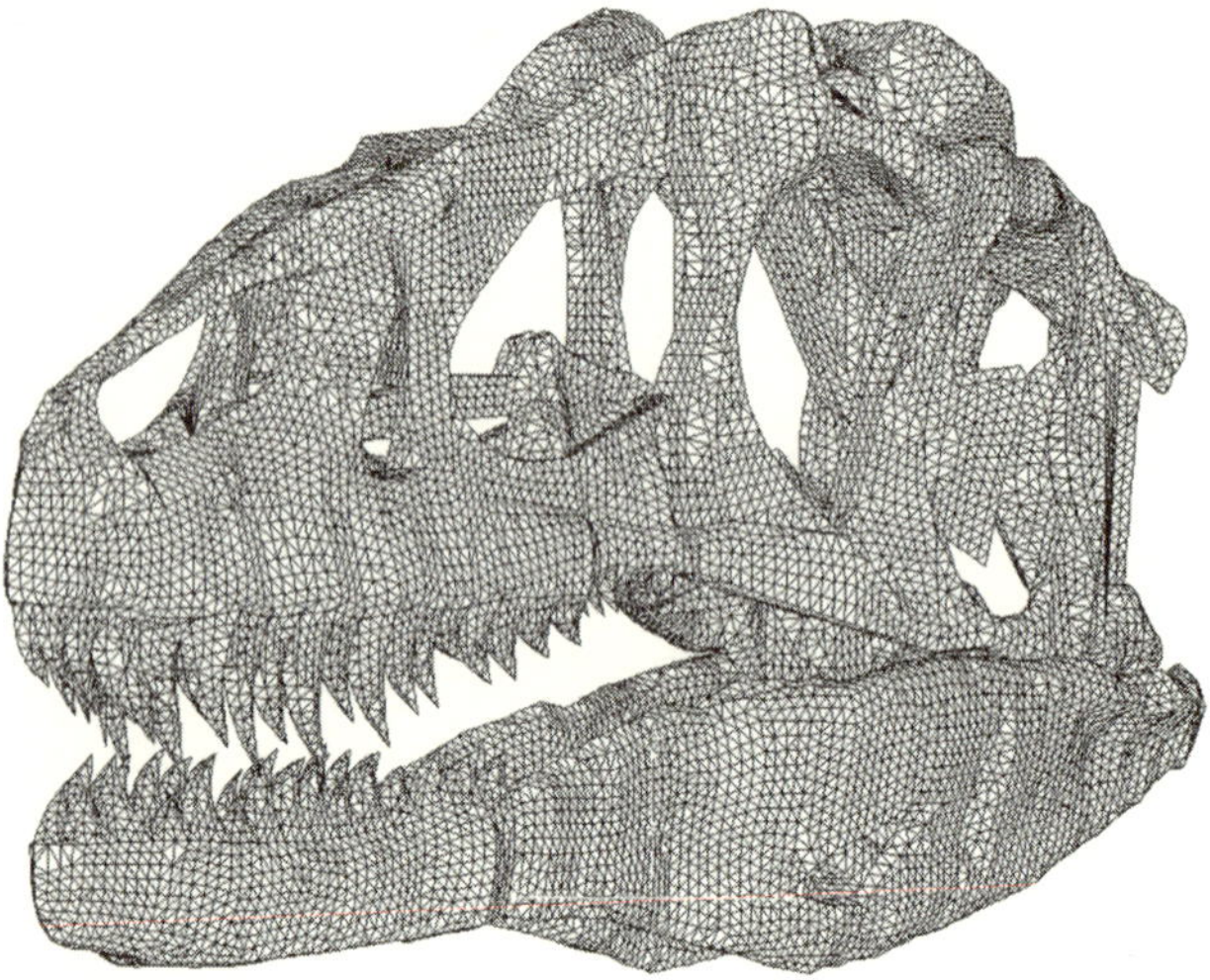

図38　CTスキャンから構築されたアロサウルス頭骨の有限要素モデル.

ロサウルスの捕食者としての様式がどのようなものだったかを語ることもできない。長い追跡の後に仕留めたのか、待ち伏せて襲ったのか？　骨まで噛み砕くように食べていたのか、切り刻んで引きちぎって食べたのか？

レイフィールドは、ジュラ紀後期の獣脚類アロサウルスの非常に保存状態のよい頭骨を用いて、そのCTスキャンデータを得た。彼女は頭骨全体の詳細な三次元データをつくるために、頭骨の高解像度スキャンを行ったのだ。レイフィールドは、たんに美しいホログラムのような画像をつくるのではなく、イメージデータを三次元の「メッシュ」に変換した。メッシュはたくさんの地形図の頂点のような座標（接点）を持つ「要素」からなり、要素同士が接点を共有する。こうして頭骨全体が有限要素モデルで再現される（図38）。この手法でこれほど複雑なものは、これまでには試みられていなかった。

この種のモデルの特筆すべき点は、適切なコンピューターとソフトウェアを用いれば、有限要素モデル上でさまざまなことが解析可能となることである。たとえば頭骨の物的特性[12]で言えば、頭骨や歯のエナメル質、関節部位の軟骨の強度などがある。このようにして、それぞれの「要素」は本当の頭骨の部品のようにふるまい、また、隣接の要素同士が統合した単位として結びつき、生きているときのように考えることが可能になる。

次に、この恐竜の仮想的な頭骨上に、生きていたときに力強い顎の筋肉がどのように働いていたかを復元することが必要になる。レイフィールドは粘土を用いて、この恐竜の顎の筋肉についての模型をつくった。そこから彼女は、顎の筋肉の長さ、周囲長、顎の骨への付着角度を求め、筋肉が生み出す力を推定した。これらの推定値ができるだけ現実的なものとなるようにするため、2セットの推定値を用いた。一つはワニのような外温性動物の生理に近い場合、もう一つは鳥類や哺乳類のような内温性動物の生理に近い場合である。

二つのデータセットを用いて、アロサウルスの頭骨の有限要素モデルに筋力の推定値を代入し、頭骨が最大の噛む力に対してどのように反応し、それらの力が、頭骨内にどのように分布するかを「テスト」した。このように、頭骨の形状と構造を解析することで、摂食に関係する応力に対する反応を知ることができる。

　結果は興味深いものだった。アロサウルスの頭骨には大きな穴がたくさんあり、構造的にきわめて弱いと考えられていたが、じつは非常に堅牢だった。事実は逆で、これらの穴が、頭骨の堅牢性に重要な役割を果たしていることが示されたのだ。頭骨モデルが「破壊」しはじめるまで（すなわち、負荷により骨にひびが入るまで）テストすると、「アロサウルスの」筋肉が生み出せる、最大の噛む力の約24倍まで耐えられることが明らかとなった。

　この実験から明らかになったことは、アロサウルスの頭骨は、工学的に見て「高性能すぎる」ということだった。自然選択は通常、多くの骨格的特徴のデザインに「安全率」を与える。これは通常、力と骨格を構成する物質の間の、ある種のトレードオフから決まる。このような「安全率」は、一般的には通常の生活段階でかかる力の2〜5倍程度であるのに対し、アロサウルスでは24倍にも達し、極端なように見えた。そこで頭骨の再解析を行い、摂食方法についても再検討したところ、次のような結果となった。頭骨とは対照的に、下顎は構造的にとても弱かったのだ。これより、頭骨の強度に比べると、噛む力はきわめて弱かったことになる。これは、頭骨がほかの理由で、非常に強い力（約5トン）に耐えられるようになっていることを示唆する。最も合理的な説明は、頭骨は主たる攻撃用武器として、ナタのように用いられただろうということだ。アロサウルスは、口を大きく開けて獲物に突き立て、獲物に対して破壊的に、猛烈に頭をふりおろした。この動きをするにあたり、自分の体重と、獲物からの抵抗に耐えるためには、頭骨が強大な力に対して堅牢である必要があったと考えられる。

最初の攻撃で獲物を制圧すれば、その後は顎を通常どおり肉を噛み切るのに用いただろう。肉の噛み切りにくい部分を引っぱるのには、脚や全身を使って、体全体で合理的に補助していたかもしれない。この時、頭骨にはふたたび、首や背中、脚の筋肉が生み出した非常に大きな力が加わっただろう。

レイフィールドの解析によって、それまで想像もできなかった、アロサウルスがどのように食べていたのかを考察できるようになった。くり返しになるが、新しい技術と異なる科学分野(とくに、工学デザイン)が協調することで、古生物学の疑問の解決に近づき、さらに新しく興味深い結果が生み出されるのである。

分子古生物学と組織

映画『ジュラシック・パーク』の物語に触れずに、この章を締めくくることはできない。『ジュラシック・パーク』では、恐竜のDNAが発見され、現代のバイオテクノロジーによってそれらのDNAが復元され、恐竜を現在に甦らせていた。

この10年の科学記事の中には、恐竜のDNA断片が発見されたという散発的な報告がいくつかある。これらの研究はＤＮＡ断片を増幅するＰＣＲ法（ポリメラーゼ連鎖反応法）によるものので、この技術によって、より簡単に研究ができるようになった。ただ残念なことに、ハリウッド映画のような物語を信じている人たちにとって、これらの報告は何も証明していないに等しい――恐竜の化石から、恐竜のＤＮＡはいまだに採取できていないのだ。これは、ＤＮＡが長く複雑な生体分子であり、生きている細胞内のようにＤＮＡを維持・修復する代謝機構がない状態では、分解されてしまうためである。このような壊れやすい物質が地中に埋まり、微生物や、ほかの生物学的・化学的な作用、さらには地下水による汚染の危険もある中で、６５００万年間も保存される可能性はほぼないと言える。

今日までの恐竜のＤＮＡに関する報告はすべて、混入物質によるものであることがわかっている。事実、これまでに確認されている化石のＤＮＡは、もっと新しい時代のものであり、それらはきわめて保存状態のよい環境から採取されている。たとえば、約６万年前のヒグマの化石から、ミトコンドリアＤＮＡの短鎖が採取された例では、この化石は死後ずっと永久凍土で凍っていたものであり、ＤＮＡ分子が分解されにくい最適の環境だった。恐竜はこのヒグマの化石よりも、さらに１０００倍近く古い生物である。現生鳥類のＤＮＡから、恐竜のような遺伝子を同定する可能性はあるかもしれないし、それによって恐竜を再生できるようになるかもしれないが、それは現在の科学の範囲を超えた話だろう。

モンタナ州から見つかったティラノサウルス類の骨の内部構造と化学組成の分析に関する研究で、非常に興味深いものがある。ノースカロライナ州立大学のメアリー・シュバイツァーたちは、ジャック・ホーナー（『ジュラシック・パーク』の登場人物、「アラン・グラント博士」のモデルとなった研究者）が発見した、とても保存状態のよいティラノサウルスの化石を調査した。骨格の詳細な観察から、長骨の内部構造は、生きていたときとほとんど変化していないことがわかった。確かに、このティラノサウルスの個々の骨には非常に変化が少なかったので、まるで現在の骨が単純に乾燥して保存されたかのような密度を持っていた。

シュバイツァーは古代の生体分子、少なくとも、それらが残した化学的な痕跡がないかについても調査した。骨の内部から抽出した物質を粉末にし、物理的、化学的、生物学的な分析を行った。この分析の意図は、何らかの痕跡を「見つける」またとない機会というだけではなく、何か兆候があった場合、その兆候を支持する、さまざまな半独立した証拠になるということでもあった。生体分子の存在の積極的な証拠を探すときに、研究者にとって障害となるのは、動物が死んで埋没してからの経過時間と、分子のような残存物が完全に破壊され、流されてしまうような可能性である。シュバイツァーたちは核磁気共鳴装置と電子スピン共鳴装置を用いて、赤血球の主要な化学成分であるヘモグロビンに似た分子の残留物が存在することを明らかにし、また、分光分析とＨＰＬＣ（高速液体クロマトグラフィー）を用いて、ヘム構造の残留物の存在に関係するデータを発見した。最後に、残留しているタンパク質の断片を抽出するため、恐竜の骨の組織を溶媒によって溶かした。その後、抽出物を実験用ラットに注入し、それが免疫反応を引き起こすかどうかを確かめた——そしてそれは起こった！　ラットがつくった抗血清は、鳥類や哺乳類のヘモグロビンにも確かに反応した。これらの解析から、ヘモグロビン成分の化学的な残留物が、ティラノサウルスの骨組織に保存されていた可能性が示された。

さらに興味深いことに、骨の薄片を観察したところ小さく丸い微細構造が見つかり、これは骨の内部を通る脈管（血管）であると同定された。これらの微細構造を分析した結果、周囲の組織と比較して、とくに鉄分が多いことがわかった（鉄分はヘム分子の基本的な構成物質である）。また、大きさや全体的な観察からは、鳥類の有核赤血球とよく似ていることがわかった。ティラノサウルスの骨組織に見られたこれらの構造は、実際の血液細胞ではないが、化学的にはその「残存物」であるように見えた。このような構造がどのようにして6500万年間も残っていたのかは、まったくもって謎である。

シュバイツァーと共同研究者たちはさらに、コラーゲン（靭帯や腱、骨の主成分）とケラチン（ウロコ、羽毛、毛、爪などの成分）のような「頑丈な」タンパク質の残存物についても、上記と同様の免疫学的手法を用いて同定した。

これらの結果には、上述したように入念に検討された推察があったが、研究者の世界ではかなり懐疑的に扱われた。それでも、彼らの結論を導いた科学的方法論と、観察結果を発表する際の注意深さは、進化古生物学における科学的方法論の適用と、明快さの模範を示したと言えるだろう。

（訳注11）堆積物中に形成される球状などの形をした塊。まわりの地層と組成が異なる。
（訳注12）材質、剛性など、その物体固有の特徴。

第8章
過去についての研究の未来

K-T境界の絶滅：恐竜の終焉?

19世紀初頭から、異なる生物集団が、地球史上の異なる時代をそれぞれ支配することが知られていた。その中でも目立った集団の一つが恐竜である。その恐竜は、古生物学的調査から得られた確たる証拠によると、白亜紀末（約6500万年前）よりも新しい時代の地層からは見つかっていない。事実、白亜紀のまさに最後と、その後の第三紀の境界（現在ではK-T境界として広く知られている）には、大きな環境の変化があったことが認識されてきた。この時を境に多くの種が絶滅し、第三紀初期には新しい生物集団がそれにとってかわった。このため、K-T境界は生命を大きく分断した大絶滅事変とみなされている。この時に絶滅した生物には、白亜紀後期に多様化した陸上生物である恐竜のほかにも、巨大な海生爬虫類（モササウルス類、首長竜類、魚竜類など）から、膨大な量のアンモナイト類、さらに白亜質のプランクトン類までを含む多彩な海洋生物たち、翼竜のような空を飛ぶ爬虫類、そして、鳥類のエナンティオルニス類などがいる。彼らは永遠に消えてしまったのである。

このように劇的な生物の絶滅を何が引き起こしたのかは理解しなければならないが、その反対の面、すなわち「生き残った生物は、なぜ生き延びることができたのか」という疑問もまた重要である。結局のところ、現生する鳥類と哺乳類、トカゲ、ヘビ、ワニ、カメなどの爬虫類、魚類とほかの多くの海洋生物は生き残った。それはたんに運がよかっただけなのだろうか？　1980年代になるまで、K－T大絶滅を説明するために、途方もないものから神秘的なものまで、さまざまな理論が提唱された。

1980年代以前からあった根強い理論の一つは、K－T境界直近の生態構造に関する、詳細な研究に沿って展開されたものだ。白亜紀末には季節的に、また、全般的に変わりやすい気候環境になったという共通認識がある。気候条件はよりストレスの多いものになり、それに対応することができない動植物の衰退となって現れた。このことは、白亜紀末に向かって地殻変動があったことと関係していると考えられ（結論には至っていないが）、海水面の著しい上昇や、各大陸の地域的特性の増大も含まれる。全体的な印象としては、地球はゆっくりとその特性を変化させ、それは同時に動植物相の劇的な変化も生み出した。この理論の弱点は、絶滅事変が起こるのにはより長い時間スケールが必要なのが明らかであること、かつ、海生生物に同時に起こった変化を十分に説明していないことである。しかし、より質の高いデータがないことから、議論は平行線をたどってきた。

1980年に、天文学者のルイス・アルバレスによって、この分野の革命的な研究がなされた。彼の息子のウォルター・アルバレスは古生物学者で、K-T境界のプランクトンの多様性の変化を調査していた。白亜紀後期と第三紀初期の間の時間的隔たりが、化石記録に見られるギャップに対応する、やや長めの「失われた」期間と一致する、と単純に仮定することは、彼らにとって論理的に見えた。ウォルターは、地球史にとって重大なこの期間におけるプランクトン相の変化を研究していた。ルイスは補強材料として、この推定された地質学的間隔の存在を証明するため、境界層に堆積した宇宙塵の量を測定することを提案した。この結果は古生物学界と地質学界に衝撃を与えた。彼らは、薄い粘土層からなる境界層中に、非常に大量の宇宙塵が含まれていることを明らかにし、その量は、巨大な小惑星が衝突した後に気化したとしか説明がつかないようなものだったのだ。そして、この小惑星の大きさは、少なくとも直径10キロメートルに達すると推定された。彼らは、このような巨大な小惑星が衝突したのであれば、水分や塵などを含んでいる巨大な塵の雲が、衝突後長い間にわたって地球上を覆っていただろうと提案し、それはおそらく何か月間か、もしくは1~2年間にさえ及んだと考えた。このように地球が雲で覆われている間、地上の植物やプランクトンなどは光合成ができなくなり、それが陸上と水中の生態系を同時に崩壊させた引き金となった。アルバレスたちは、K-T境界での絶滅事変の統一的な解釈を、一挙に見出したかのように見えた。

すべての良質な理論と同じように、衝突仮説もさまざまな魅力的な研究を生み出した。1980年代を通して、ますます多くの研究チームが、世界中のあらゆる地域のK-T境界の堆積物の解析に取り組み、衝突に関係する物質や宇宙塵を識別した。そして1980年代後半までには、多くの研究者がカリブ海に注目した。ハイチのようなカリブ海の島々のK-T境界の堆積物には、衝突の痕跡だけではなく、その上に大量の角礫岩（同時に移動し、堆積した岩石がくだけた集まり）の層があることが報告されたのだ。このことは、積み重なった宇宙塵の層とその化学的特性と同様に、この地域のどこか浅い海にも小惑星が衝突したという説につながった。1991年、メキシコのユカタン半島に、チチュルブクレーターという地下に埋まった巨大なクレーターがあることが報告された。このクレーター自体は6500万年前の堆積物で覆われており、地殻の地震波の調査（地下のレーダー探知の原理に似ている）によってのみ認識できる。クレーターは直径約200キロメートルに達し、その時代はK-T境界層と一致した。こうしてアルバレスの理論は、注目に値する方法で証明されたことになった。

1990年代初頭から、K-T事変の研究は、その原因を調査することから、この絶滅が単一の破壊的な出来事だったのかどうかを調査することに移っていった。そして研究者は、まるで「核の冬」のような現象が起きたのだろうと結論づけた。浅海堆積層の「標的」岩石の化学組成の知識と、それらの高圧下の衝撃の挙動に合わせて、コンピューターモデリングの進歩は、衝撃の初期段階とそれらの環境的な影響を明らかにした。ユカタン半島では、小惑星は水分、石灰岩、硫酸塩成分が富んだ海底に衝突し、それぞれ200ギガトンにもなる二酸化炭素と水蒸気を成層圏に運んだ。クレーターの形状をもとにした衝突モデルは、小惑星が南東から斜めに衝突したことを示唆した。この軌道ならば、放出されたガスは北米に集中したと考えられる。化石記録では、とくにこの地域で植物相の絶滅があったことが示唆されるが、このパターンが正しいことを示すには、さまざまな地域で、より多くの研究がなされる必要がある。アルバレスたちの衝突の影響に関する研究は、放出された塵や雲が世界中を覆い、寒い暗闇の世界をもたらしたとした。しかし、最近作成された大気のコンピューターモデルは、数か月で大気の状態と光の量が回復したことを示唆している。これは海の熱慣性によるものと、大気からの粒子状物質の安定した降下によるものである。しかし不幸なことに、事態は相当な期間にわたって改善しなかっただろう。なぜなら、大気中の二酸化硫黄と水蒸気が酸性のエアロゾルを生み出し、5~10年近く、地表に太陽光が届くことを妨げたと考えられるからである。これらのエアロゾルは、冷凍庫の温度くらいにまで地球を寒冷化させ、また酸性雨を降らせたと思われる。もちろん、これらはすべてコンピューターモデルによるものにすぎず、誤りを含んでいるかもしれない。しかし、その一部でも正しければ、衝突後に広く環境に現われた影響は、きわめて破壊的となっただろうし、白亜紀末に発生した陸上と水中の絶滅のおもな原因となっただろう。ある意味で驚くべきことは、これらの黙示録的な状況から生き延びたものがいたということである。

付加的な証拠とその影響

近年の多くの研究が、巨大な小惑星による、地球規模の生態系への環境的な影響を説明することに焦点を当てているため、チチュルブ地域での研究はまだ続けられている。衝撃帯の詳細な解析のために、地上から1・5キロメートル下のクレーターに掘削孔が掘られた。その結果、前に述べたような一般的な物語とはやや異なったことがわかりはじめている。コアのデータの解釈の一つは、衝突クレーターがK‐T境界のおよそ30万年前につくられたかもしれないと示唆した。このインターバルは、0・5メートルの厚さの堆積層によって示されている。この証拠は、白亜紀末の絶滅事変が、単一の巨大な小惑星の衝突によるものではなく、K‐T境界に向かうにつれて起こった、数回の巨大な衝突によるものであるという説の根拠になっている。このような衝突の蓄積が、絶滅のパターンを引き起こしたのではないかというのである。

これらの新発見から、より多くの研究と議論が近い将来、確実に起こることが予期される。その代表的なものは、白亜紀末の絶滅事変と一致する巨大な火山活動のデータである。インドのデカン高原として知られる地域は、何百万立方キロメートルにもなる、大量の洪水玄武岩[13]からなっている。このような大量の火山活動による環境的な影響や、ちょうど地球の反対側で起こった小惑星の衝突との関連性は、まだきちんと証明されてはいない。

大絶滅は、地球上の生命史における魅惑的な中断点として魅惑的であるが、それらを引き起こした原因を確定するのは、当然ながらとても困難なことである。

恐竜研究の現在と今後

恐竜のような魅惑的な動物を対象としている進化古生物学のようなテーマの将来を正確に予測するのは、非常に難しい。進化古生物学では、数多くの研究プログラムが立案されている。確かにそれらは、科学的な疑問やテーマを明らかにするため、知的に満足するしくみを持っており、これはすべての科学分野において共通である。しかし、古生物学では、偶然を生かす才能は、さらに重要な役割を果たす。それは、誰も予想だにしない方向に研究を向かわせることができるからである。また、それはすばらしい新発見によって、強く影響を受けることがある。1990年代初頭の時点では、1996年に中国から見つかり、現在も発見が続いている、すばらしい「ダイノバード」を予言することは誰もできなかった。物理学や生物学分野の技術的な進歩もまた、研究の重要な部分の役割を担っている。それらは、わずか数年前には想像不可能だった方法で、化石を研究することを可能にしている。

このような機会を利用するためには、さまざまな特色を持つ人々が身近にいることが重要である。そのためには地球の生命史や、ありのままの探求的気質に対して、興味を持ち続けることが必要となる。そして、驚くほど広い分野の訓練が必要にもなる。個々の研究者の、独立した研究や創造性の検討ももちろん重要であるが、問題の解決や新発見に影響する幅広い技術を活用するには学際的なチームが必要であり、そこからは、科学をさらに前進させる情報が引き出されるだろう。

最後に……

私のメッセージは単純なものだ。われわれ人類は、部分的にではあるものの、化石記録の研究から地球生命史を解釈することができる。その結果を、人類はどうあるべきか、という課題に敷衍して考えてもらいたいのだ。確かに、地球の生命史を無視する方法を選ぶこともできるし、そのような考えに固執する者もたくさんいる。ただ幸運なことに、そう思っていない者もわれわれの中にはいるのだ。生命のあゆみは、過去36億年という、驚くほど長い期間にわたっている。人類は現在、直接的にも間接的にも、多くの生態系を支配している。しかしわれわれがこの地位についたのは、地球の歴史のわずか1万年前のことなのである。人類が出現する以前、多種多様な生命が地球を支配していた。恐竜はそのような集団の一つであり、彼らはある意味では、彼らが生息した地球上で、意図的でなくとも管理人として働いていた。進化古生物学は、その管理人の仕事の一部をたどることを可能にする学問なのだ。

さらなる疑問は、人類が絶滅した後でもほかの種が生息可能な地球をいかにして用意するか、そして、その課題に対して、過去の経験を利用することができるのか、ということである。これは、指数関数的な人口増加、気候変動、および核の脅威などに対する、厳かな責任である。われわれは、地球が「いま」だけではなく、深い歴史を持っているということを認識することができた、地球上で最初の種である。私は、われわれがその最後の種とならないことを、心から願う。莫大な化石記録は、この地球上で、さまざまな生物が栄枯盛衰をくり返してきたことを物語っている。と同時に、その記録は、人類もまた永遠には存在し得ないことを示しているのだ。

約50万年前にホモ・サピエンスとして出現してから、さらにわれわれの繁栄は約100万年続くかもしれない。きわめて成功するか、運がよければ、この先も500万年は続くだろう。しかしわれわれは同様に、恐竜のようになる可能性だってある。いずれにせよ、それらは遠い未来に、化石として記録されるのである。

（訳注13）大規模な溶岩台地を形成する玄武岩。

索　引

欧　文

あ　行

か　行

な　行

は　行

図の出典

図1
The Wellcome Library, London

図3
From Adrienne Mayor, *The First Fossil Hunters*
(Princeton University Press, 2000).
Drawings by Ed Heck

図4
From David Norman, *Dinosaur!*
(Boxtree, 1991)

図5
© John Sibbick

図6
© The Natural History Museum, London

図7
© The Natural History Museum, London

図9
© The Natural History Museum, London

図10
© The Natural History Museum, London

図11
Royal Belgian Institute of Natural Sciences, Brussels

図13
Natural History Museum, Berlin
© Chris Hellier/Science Photo Library

図14
© The Natural History Museum, London

図15
Royal Belgian Institute of Natural Sciences, Brussels

図16
© Gregory S. Paul

図17
© Ed Heck

図18
Redrawn from E. Casier

図19
Royal Belgian Institute of Natural Sciences, Brussels

図20
Royal Belgian Institute of Natural Sciences, Brussels

図21
© John Sibbick

図22
© John Sibbick

図24
© John Sibbick

図27
© David Nicholls

図29
© John Sibbick

図30
From David Norman, *Dinosaur!* (Boxtree, 1991)

図31
From David Norman, *Dinosaur!* (Boxtree, 1991)

図32
From David Norman, *Dinosaur!* (Boxtree, 1991)

図34
© John Sibbick

図35
From David Norman, *Dinosaur!* (Boxtree, 1991)

図36
Reproduced courtesy of the Museum of Victoria, Melbourne

図37
Courtesy of Timothy Rowe

図38
Courtesy of Emily Rayfield

参考文献

D. E. G. Briggs, P. R. Crowther (eds.), “Palaeobiology II”, Blackwell Science, 2001.

C. R. Darwin, “On the Origin of Species by Means of Natural Selection, or the Preservation of Favoured Races in the Struggle for Life”, John Murray, 1859（邦訳：八杉龍一 訳,『種の起原（上／下）』, 岩波書店, 1990年）.

R. De Salle, D. Lindley, “The Science of Jurassic Park and the Lost World, or How to Build a Dinosaur”, Harper Collins, 1997（邦訳：加藤 珪, 鴨志田千枝子 訳,『恐竜の再生法教えます―ジュラシック・パークを科学する』, 同朋舎, 1997年）.

D. R. Dean, “Gideon Mantell and the Discovery of Dinosaurs”, Cambridge University Press, 1999（邦訳：月川和雄 訳,『恐竜を発見した男―ギデオン・マンテル伝』, 河出書房, 2000年）.

A. J. Desmond, “The Hot-Blooded Dinosaurs: A Revolution in Palaeontology”, Blond & Briggs, 1975.

C. Lavers, “Why Elephants Have Big Ears”, Gollancz, 2000（邦訳：斉藤隆央 訳,『ゾウの耳はなぜ大きい?―「代謝エンジン」で読み解く生命の秩序と多様性』, 早川書房, 2002年）.

A. Mayor, “The First Fossil Hunters: Palaeontology in Greek and Roman Times”, Princeton University Press, 2001.

C. McGowan, “The Dragon Seekers”, Perseus Publishing, 2001（邦訳：高柳洋吉 訳,『恐竜を追った人びと―ダーウィンへの道を開いた化石研究者たち』, 古今書院, 2004年）.

D. B. Norman, “Dinosaur!”, Boxtree, 1991.

D. B. Norman, “Prehistoric Life: The Rise of the Vertebrates”, Boxtree, 1994.

D. B. Norman, P. Wellnhofer, “The Illustrated Encyclopedia of Dinosaurs”,

Salamander Books, 2000.
M. J. S. Rudwick, “The Meaning of Fossils: Episodes in the History of Palaeontology”, Science History Books, 1976（邦訳：菅谷 暁・風間 敏 訳,『化石の意味─古生物学史挿話』, みすず書房, 2013年）.
D. B. Weishampel, P. Dodson, *et al.* (eds.), “The Dinosauria”, University of California Press, 2004.

訳者がすすめる書籍

D. E. Fastovsky, D. B. Weishampel, “The evolution and extinction of the dinosaurs”, Cambridge University Press, 2005（邦訳：真鍋 真 監訳,『恐竜学 進化と絶滅の謎』, 丸善出版, 2006年）.
池谷仙之・北里 洋 著,『地球生物学─地球と生命の進化』東京大学出版会, 2004年.
平野弘道 著,『絶滅古生物学』, 岩波書店, 2006年.
犬塚則久 著,『恐竜ホネホネ学』, 日本放送出版協会, 2006年.
小林快次 著,『恐竜時代 I─起源から巨大化へ』, 岩波書店, 2012年.
長谷川眞理子 著,『進化とはなんだろうか』, 岩波書店, 1999年.
更科 功 著,『化石の分子生物学─生命進化の謎を解く』, 講談社, 2012年.

原著者紹介
David Norman（デイビッド・ノーマン）
セジウィック博物館館長．博士（Ph. D.）．専門は古脊椎動物学．恐竜研究の第一人者で特にイグアノドン類に詳しい．一般向けの恐竜の著書多数．

訳者紹介
冨田　幸光（とみだ・ゆきみつ）
国立科学博物館地学研究部長．博士（Ph. D.）．専門は古脊椎動物学．著書に『新版 絶滅哺乳類図鑑』（丸善出版），『広辞苑』（岩波書店；分担執筆），『小学館の図鑑 NEO 新版 恐竜』（小学館）など．
大橋　智之（おおはし・ともゆき）
北九州市立自然史・歴史博物館自然史課学芸員．博士（理学）．専門は恐竜などの古脊椎動物学．

サイエンス・パレット 017
恐竜 ―― 化石記録が示す事実と謎

平成 26 年 6 月 25 日　発　行

監訳者　冨　田　幸　光

訳　者　大　橋　智　之

発行者　池　田　和　博

発行所　丸善出版株式会社
〒101-0051 東京都千代田区神田神保町二丁目17番
編集：電話(03)3512-3262／FAX(03)3512-3272
営業：電話(03)3512-3256／FAX(03)3512-3270
http://pub.maruzen.co.jp/

© Yukimitsu Tomida, Tomoyuki Ohashi, 2014

組版印刷・製本／大日本印刷株式会社

ISBN 978-4-621-08827-2　C0344　Printed in Japan

本書の無断複写は著作権法上での例外を除き禁じられています．